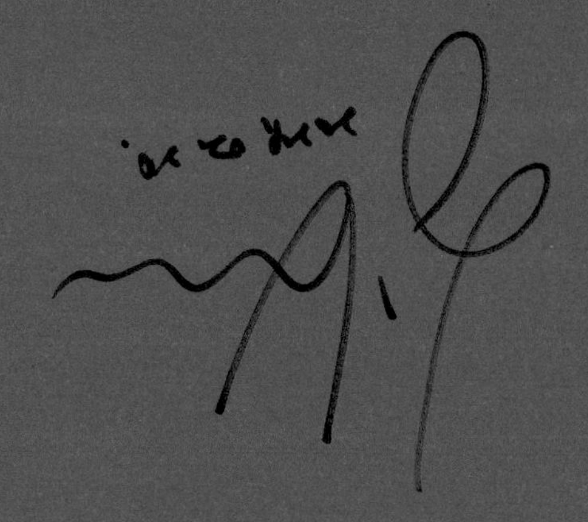

U0136656

LIZ 關鍵詞 II

美食家與美食評論

高琹雯

目次

第二章 美食家是誰

第三章 台灣美食家專訪

作者序

「我是一位美食家，如果你覺得這很好笑的話，那我可以向你保證，要做一位美食家並不容易。」

這是慢食運動的發起人卡羅．佩屈尼（Carlo Petrini）起草的「新美食家宣言」，其中一項的前半段，基本上總結了我寫這本書的心情。是的，我擔心有人笑我，誰會說自己是美食家？但我又不服氣，因爲我認爲自己很努力，雖然任何人的努力都只是那個人自家的事，我還是有話想說。

這是一本初衷極度個人、觀點十足小眾的書。我想試著論述，一個人如果想當美食家，可以怎麼當。

「美食家」從來不是熱門的人生志願，畢竟那似是一種養不活自己的職業

（如果它是一種職業的話），但若眞有人想當美食家，他應該相當困擾。美食家，和我初出社會所從事的律師一行，簡直是天平兩端的對比：律師擁有明確的養成管道，只要就讀法律學系、通過律師考試、完成實習，就能取得律師資格；美食家呢？有什麼美食家學院可以念？有什麼美食家執照可以考？有何等公家機關民間企業會專門聘僱美食家？

美食家是可以「當」的嗎？

美食家的定義與養成，成了我經年累月的盲人摸象活動。如果能邀請你和我一起摸，我們摸出來的美食家面貌，可能是《料理鼠王》裡用鼻孔看人的美食評論家安東·依戈（Anton Ego），他嚴厲、刻薄、吹毛求疵，卻也具備豐富的美食知識與閱歷，足以評判一間餐廳的生與死；換個地方摸，也許我們摸到了《孤獨的美食家》，愛吃的上班族井之頭五郎吃東西的樣子眞香！穿梭於大街小巷尋覓美食的熱情身影，肯定觸動了你。

若爲二種形象做個比較，用美食家來稱呼依戈無庸置疑，至於井之頭五郎，似乎還有另一個更貼切的頭銜：吃貨（foodie）。美食家與吃貨，不一樣嗎？對某些人來說，意思是一樣的，都在指稱熱愛美食、享受美食，對於食物有某種追求的人。然而，美食家比起吃貨，似乎更「難搞」一點，有種高高在上的菁英形象，教人不敢靠近。我們不妨想像一場投票，假設你面前有一百位觀眾，你問：「認爲自己是吃貨的請舉手！」你將看到很多隻手高掛空中；「認爲自己是美食家的請舉手！」你將看到很多隻手猛然放下。或者你本身就有活生生的經驗：當有人稱呼你爲美食家時，你趕忙搖手否認：「我只是愛吃而已。」

我很愛吃，於是我探討過吃貨的身分認同和飲食偏好，相關內容收錄在我的前作《Liz關鍵詞：美食家的自學之路與口袋名單》。吃貨是非常愛吃的人，對於美食的熱愛是標誌其身分的重要識別；吃貨喜歡眞誠、與生產者連結、具有歷史脈絡、來自異國或打破常規的食物，而不喜歡大量製造、欠缺個性、廣泛流通的食品。這些特質，我認爲美食家都有，只是美食家比起吃貨，撇除不討人喜愛的部分，似乎還預設了影響力，因爲「家」意味著「一家之言」，美食家要能夠指點大眾吃喝，形成論述。

從愛吃到成為美食家，似乎不只最後一哩路要走。

我已經走在「美食家的自學之路」上，那是我在二〇一一年三月爲部落格起的名字。我不敢直接自稱爲美食家，那太沉重了，而且我清楚美食家是一種蓋棺論定的身分，所以，我使用了「自學」這樣狡猾的字眼。害怕訕笑與想要奮發的心情，就這麼糾結纏繞好似麻花捲，但是，「如何成爲美食家」的自我探索，即便令人害臊，也賦予我許多書寫與發表的動力。

當《Liz關鍵詞：美食家的自學之路與口袋名單》在二〇一九年四月出版後，下一個月，我就在當時仍在《聯合報》連載的專欄開啓了全新的題目——美食評論專題。藉由這個專題，我希望探索美食家是什麼樣的人，以及美食家所寫的美食評論有何觀點與法門。截至二〇二一年十一月止，這系列累積了三十餘篇，也是本書的骨幹。

在這一系列專欄文章裡，我從《紐約時報》（*The New York Times*）深具權威的餐廳評論人開始寫起，介紹了克雷格·克萊伯恩（Craig Claiborne）、露絲·賴舒爾（Ruth Reichl）等代表性人物，因爲我認爲歐美報社聘僱的餐廳評論人是美食家的一個典型。接著，我又受到朱宥勳的二本著作《作家生存攻略：作家新手村1技術篇》、《文壇生態導覽：作家新手村2心法篇》的啓發，想比照他分析作家生涯進程的方式，來分析美食家需要具備的資格及其誕生緣由，論述的基礎則主要參考英國社會學家史蒂芬·門內爾（Stephen Mennell）的知名著作《有關食物的一切禮儀》（*All Manners of Food*），也正是門內爾告訴我，美食家不能只是吃吃喝喝而已，還必須是理論家與宣傳者。然後，我介紹了歷史上的美食家，包括法國的美食家祖師爺布西亞·薩瓦蘭（Jean Anthelme Brillat-Savarin），以及影響中國粵菜深遠的江太史等人，因爲我認爲理論之後需有案例，前輩們究竟是怎麼辦到的？

除了專欄寫作，這個題目也繼續在我於二〇二〇年開辦的Podcast《美食關鍵詞》中登場，我以「美食家是誰」爲題，對五位美食家前輩進行專訪，他們分別是葉怡蘭、謝忠道、舒國治、徐仲、張聰。他們與我分享了許多有關美食家的金玉良言（即便他們所有人都否認自己是美食家！），訪談的精華也被改寫成文章，收錄於本書中。

專欄文章裡有一部分是二〇二〇年疫情初起時，針對當時的氣氛與現象所寫。餐廳是美食家出場的舞台，而疫情導致餐廳服務的質變，這一段特殊的時空，我認爲有保留的意義，如今回看也能比對當時的「預言」是否成眞，饒富趣味，因此也收錄進本書中。

最後，我增寫了二萬字，希望比較詳細地討論美食家的定義，以及成爲美食家需要具備的條件（在書中我使用專有名詞「專業知能」）。在這些長篇大論中，我希望一方面釐清有關美食家的迷思，另一方面認眞面對「美食家該怎麼當」——我爲美食家的資格設下許多條件，是我期許自己的最高標準，就像先畫靶再射箭，我知道我還沒做到，但我會一直拉弓。

我不免會擔心這本書擁有多少實用性；我也擔心這本書難以迴避的菁英氣息，「誰是誰不是」的區別可能趕走讀者。但是，如果愛吃是全民運動，如果吃貨之中的意見領袖是大家好奇的身分，我希望這本書有說清楚一些事，讓愛吃的你不再人云亦云。

美食家需要累積深厚的知識與經驗，上課期間是一輩子，畢業典禮不知道是哪一天。在美食家的自學之路上，我永遠是一個學生。如果你剛好也想成爲美食家，這本書就是我分享給你的筆記。

第一章

美食家與他們的舞台

人人都是美食評論家？

人人都是美食評論家。關於食物，誰不能發篇文、貼個圖，針砭幾句？只要連上網，整個世界都是我的編輯台，想發揮影響力不必辦報，想與人說話不必面對面。科技進步證明地球是圓的，科技再進步又把地球拉平了，網路顚覆了傳播，解放了溝通，眾聲喧嘩，現代的口耳相傳是按一鍵寰宇放送。

當然很多人只是自顧自地說話，不見得有觀眾。然而重點是，工具掌握在他手上、你手上、每個人手上，只要你付得起每個月四百九十九元的網路吃到飽。不像以前，有話要說的時候，你得投稿，你得call in，你得經過審核，發言是中央集權，由上往下管制，居上位者是爲數不多的媒體，因爲掌握了言論配給也就掌握了權與勢。現在不同了，發言是由下往上，報導是隨時發生的，資訊的傳播像亂射的箭，四面八方沒個準頭。部落客是自媒體，YouTuber是網紅，素人變明星，明星還得靠直播主拉抬人氣。

美食評論從來沒有如此唾手可得。

那麼，你相信誰？你相信部落客一訪到二十訪的餐廳記錄，因爲他和你一樣是消費者？你相信大眾點評網站的評價，因爲那有大數據的累積？你相信親朋好友在社群平台上的打卡，因爲你認爲這最眞實？

在這個產出內容宛如呼吸喝水的年代，我想回顧、確認美食評論的典型。美食評論是什麼？美食評論與美食寫作的關係爲何？該怎麼寫一篇美食評論？美食評論家有哪些代表性人物？如果人人都是美食評論家，這個「權力下放」的過程是怎麼發生的？

要爬梳這個過程，我們當然可以從法國說起，把所謂「第一代美食家」、十八與十九世紀的布西亞・薩瓦蘭（Jean Anthelme Brillat-Savarin）與葛立莫・德・拉・黑尼葉（A.B. Grimod de La Reynière）撈出來講，不過，在此我想主要著眼於美國，而且是距離我們不遠的二十世紀後半的美國。

我認爲，美食評論的典型是報紙的餐廳評論，報社聘僱的餐廳評論人是美食評論家中最嚴謹的一類。這件事首先發生在一九六二年的《紐約時報》，當時的美食記者克雷格·克萊伯恩（Craig Claiborne）開始寫就第一篇餐廳評論，後來確立了《紐約時報》的餐廳評鑑制度與其權威地位。在《米其林指南》（*Le Guide Michelin*）於二〇〇六年發行紐約版之前，紐時食評是美國人最信賴的餐飲評鑑。

「報社聘僱的餐廳評論人」大概是從事美食評論者最嚮往的一份工作。報社不僅支付月薪，還支付餐費，也就是說你可以拿公司的錢到處去吃喝，不僅不求人（事實上不可以接受餐廳招待），還很慷慨（可以帶親友上高級餐館吃飯），只為取得最眞實的用餐體驗。他們也占據權威地位，左右餐廳生死，尊貴的權力由報社所授與。報社作為主流媒體擁有廣泛的影響力。

這個典型，太適合拿來與美食部落客做對比了。

美食評論家得變裝去吃飯？

就從露絲．賴舒爾（Ruth Reichl）來認識報社聘僱的餐廳評論人吧。其代表作《千面美食家：一個美食評論家的喬裝祕密生活》（*Garlic and Sapphires*）曾在台發行，書名就洩漏先機：威風凜凜的美食評論家，出門吃飯得先把威風收束起來。

賴舒爾曾經位居美國飲食生態鏈的頂端：《紐約時報》的餐廳評論人。她最知名的一篇食評，應該是她去「Le Cirque」踢館的故事。那是一九九三年，賴舒爾新官上任，Le Cirque是紐約首屈一指的上流餐廳，閃耀著《紐約時報》餐廳評論最高榮譽四顆星，前任評論人偏好法式高級餐廳的餘蔭尚存。大家都等著看這位從《洛杉磯時報》（*Los Angeles Times*）空降而來的新評論人，對這間紐約最高級的餐廳有何批評指教。

文章中她並列「變裝後」與「變裝前」的用餐體驗。變裝後的露絲是「茉莉」，來自美國密西根州的中學英文教師，土裡土氣，畏首畏尾，成功騙過Le Cirque精明如鷹的餐廳領班，如願遭受低等公民般的惡劣待遇——她被帶到餐廳角落的吸菸區，酒單被搶走給別桌客人，被略過特選套餐（set menu）的介紹。而當她光明正大以《紐約時報》餐廳評論人的身分前往用餐時，彷彿穿上新鞋的灰姑娘，餐廳老闆穿過候位的人群直直走向她，邀請她搭上南瓜馬車。

不常光顧紐約上流餐廳的美國中西部婦女，與左右紐約餐廳生死的《紐約時報》餐廳評論人，二者獲得的待遇天差地別——Le Cirque讓用餐者清楚意識到你在社會階級的哪一層。賴舒爾最終評分給了折衷的三顆星，摘一顆星非同小可，這是米其林等級的重大決定，當年紐約尚無《米其林指南》，《紐約時報》就是終極的餐廳指標。

這篇評論一刊出，讀者迴響炸開。留言塞爆賴舒爾的答錄機！有人破口大罵，有人鼓掌叫好，賴舒爾當然沒丟飯碗，還一炮而紅，有位讀者留言：「終於有個站在我們這邊的評論家。」預告賴舒爾未來將在美國飲食界舉足輕重。

賴舒爾擔任《紐約時報》餐廳評論人的期間是一九九三年至一九九八年，後來被《美食家》（*Gourmet*）雜誌網羅，自一九九九年起擔任其總編輯直到二〇〇九年十二月雜誌停刊。賴舒爾一路見證並記錄美國的飲食文化與社會氛圍從單調到多元、大眾到小眾林立的過程。

《千面美食家》初版發行是二〇〇五年，內容有關一九九〇年代的紐約餐飲生態，二十年過去，現在再讀，不免觸動許多「啊，原來當年是這樣」的感想：一、餐廳評論人必須絕對匿名；二、餐廳評論人必須造訪餐廳數次才能下筆評論；三、報社提供餐廳評論人用餐預算，可以帶人一起吃飯，四人以內報社都會埋單；四、眞的很多人會看報紙；五、讀者會直接打電話給餐廳評論人，會在答錄機留言；六、餐廳評論人的權力與影響力，都是報社賦予的，離開報社後，若無其他作爲，光環就隨之消滅。

然而上述美食評論的典型是如何確立的？從什麼時候開始，美國的報社都必須有一位露絲．賴舒爾？

美國第一位餐廳評論人
克雷格·克萊伯恩（上）

如果說美食評論家可以決定餐廳命運，報社聘僱的餐廳評論人就是那位生死判官。在美國，《紐約時報》的餐廳評論首屆一指，餐廳評論人的權威地位也率先由《紐約時報》建立，這一切的起源，開天闢地的第一人，就是克雷格·克萊伯恩。

其實在克萊伯恩之前並非無人品評美食，飲饌書寫也所在多有，「美食評論」卻從來不被當回事。一九六〇年代以前，美國報紙上刊登飲食的區塊叫作「女性版」（women's page），內容不脫食譜、諮商問答、家事祕訣，讀者是女性，編輯也是女性。《紐約先驅報》（*New York Herald Tribune*）的一位美食編輯克莉曼汀．派德福德（Clementine Paddleford）在當時小有名氣，她是專業記者，有冒險心，報導許多紐約異國美食，卻也擺脫不了「婦道」，離不開讀者喜歡的好太太形象。

好太太的平行世界是老饕（gourmet），男性老饕。他們喜愛去豪華飯店、高級餐廳吃飯，熱衷於展現階級與品味，其中一位代表性人物是盧修斯．畢比（Lucius Beebe）——《紐約先驅報》的記者與《美食家》雜誌的撰稿人，他在《紐約先驅報》的專欄記錄了紐約上流社會的衣香鬢影，其中不乏餐飲體驗，然而比起主廚的廚藝，他似乎更關心客人的身分地位。

「主婦聯盟」與「上流老饕」之間不是沒有別人，好比《紐約客》（*The New Yorker*）的希拉．希本（Sheila Hibben），她的專欄「市場與菜單」（Market and Menus）現在讀來依然不過時，卻從未成為主流；《紐約客》更知名的記者是李伯齡（A.J. Liebling），然而他不只寫吃，寫起吃來也偏向回憶錄般的記述。

克萊伯恩才真正把飲食當作有新聞價值的題材，以報導美食為己任，孜孜不倦發掘出美國人應該知道的餐飲大小事。

一九二〇年出生於密西西比州的克萊伯恩，大學念的是新聞，母親擅於烹飪，他也鍾情煮食品嘗，一九四九年旅居法國時大開美食眼界，暗自決定結合人生摯愛的二件事情——美食與寫作。從韓戰退役後，克萊伯恩到瑞士念飯店學校，一九五四年搬到紐約，開始爲《美食家》雜誌打工，三年後，他邂逅了一生難得的機會。

《紐約時報》的美食編輯開職缺了。克萊伯恩因緣際會與即將離職的編輯搭上線，該名編輯透露，《紐約時報》面試了所有「會打字也炒過蛋的女性」卻無一人可用，管理階層從未想過會有男性對這份工作有興趣。克萊伯恩極力爭取，從《紐約時報》的女性版主編、副總編，一路過關斬將至總編輯，一位南方鄉親。克萊伯恩的南方血統幫了大忙，面試三天後，他就被通知錄取了。

一九五七年，克萊伯恩正式任職於《紐約時報》。當時誰也不知道，這位首任男性美食編輯，會爲紐約及美國餐飲帶來巨大影響。

美國第一位餐廳評論人
克雷格．克萊伯恩（下）

一九五七年，《紐約時報》首位男性美食編輯克雷格．克萊伯恩走馬上任。他的工作內容起初不脫原本女性版的屬性，食譜、烹飪祕訣、如何分切感恩節烤雞，他也漸漸寫起餐廳，由輕薄短小的資訊提供演化爲一言九鼎的評論意見，這個過程恰好隨同美國人變成吃貨（foodie）的節奏一起脈動。

其實頭幾年，克萊伯恩的餐廳評論只是游擊出沒的非固定單元，雖然一九六二年他創了「用餐指南」（Directory to Dining）的欄目，篇幅卻短得刻不下眞切眞剮的評論文字，讀者只知道上哪去吃飯好，卻不知道這些地方眞正好在哪裡。一九六三年，餐廳評論才確定在每週五刊出，就在同一年，克萊伯恩建立了星級評等，起初僅有三星，隔年增為四星，此制度屹立至今已屆一甲子。

克萊伯恩也為自己設下評論餐廳的規則：不接受贊助或招待，匿名用餐，在下判斷前必須至少造訪餐廳三次、與三到四個人一起吃，費用全由報社埋單。這些規則後來成為行業基準。《紐約時報》現任餐廳評論人皮特．威爾斯（Pete Wells）親自為文紀念克萊伯恩時就說，這些規則清楚傳達一個訊息：他不是一個被寵壞的、被餵食過度的特權分子，他是一個有任務在身的評論家。

他確實懂。配備了瑞士飯店學校的專業知識以及烹飪飲宴的炙熱興趣，克萊伯恩詳細分析主廚的廚藝，一絲不苟衡量餐廳的食物、服務、氣氛。他認為食評與書評、樂評、藝評、劇評同等重要，建立起紳士般的權威感，不惡毒，不諂媚，就事論事，值得信賴，因此贏得忠實的讀者群。

一九五〇年代末期、一九六〇年代的美國，也正處於美食愛好起飛的前期——二次大戰中男性旅行征戰、戰後的旅遊潮、家事幫手的短缺，種種因素驅使美國家庭主婦走入廚房，異國滋味時興起來，好好做飯成為一種時尚，人人添購Le Creuset的鍋子與鋒利的好刀。克萊伯恩在此際登入，生有逢時。

克萊伯恩甚至可謂吃貨的原型。如果說吃貨的品味是雜食性的，一方面追逐高端餐飲一方面鍾情街頭小吃，既享受出外覓食也喜歡在家做飯，克萊伯恩就做了最佳示範。

身爲「哈法」一族，克萊伯恩醉心於法國料理且嚴格審視紐約餐飲，早年他認爲「Le Pavillon」是美國唯一夠格的精緻餐飲（fine dining）❶餐廳，也在那裡結識了一生的摯友——主廚皮埃爾．法尼（Pierre Franey），二人合作無間，一起開發食譜，一起出書，成爲美國家喻戶曉的人物。他也去法國採訪當時如火如荼的新料理運動❷，保羅．包庫斯（Paul Bocuse）、侯傑．維傑（Roger Vergé）、讓．特瓦格羅（Jean Troisgros）等等法國大廚都受益於他當時的報導，而當多年後他在蒙地卡羅慶祝七十歲大壽時，不僅已成法國廚神的包庫斯到場，西班牙前衛廚藝的大前輩璜安．馬里．阿札克（Juan Mari Arzak）、髮鬢仍烏黑的法籍名廚艾倫．杜卡斯（Alain Ducasse）、丹尼爾．布魯（Daniel Boulud）也都在場，實爲珍貴的一刻。

克萊伯恩也很有冒險心，早在紐約地鐵七號線成爲尋覓移民食物的時尚列車前，他就鑽入大街小巷開發菲律賓菜、黎巴嫩菜、匈牙利菜，授與川揚菜館

「Shun Lee Dynasty」四顆星的最高評價。

克萊伯恩也擅於發掘才華之士。當茱莉雅·柴爾德（Julia Child）於一九六一年出版第一冊《法式料理聖經》（*Mastering the Art of French Cooking*）時，克萊伯恩予以盛讚，準確預言該書將歷久不衰成爲「非專業廚師的決定性作品」。其他食譜書作者如墨西哥菜的黛安娜·甘迺迪（Diana Kennedy）、中國菜的謝文秋（Grace Zia Zhu）、義大利菜的瑪塞拉·哈贊（Marcella Hazan），也都曾被克萊伯恩點石成金。瑪塞拉·哈贊後來更有義大利版茱莉雅·柴爾德之稱。

曾有人問克萊伯恩好的食評家該具備什麼特質，他回答「寫作的能力與精通食物的知識」，而他認爲此二者皆與生俱來，「你必須天生就會寫出好看的句子，也要天生懂得透過學習辨別食物好壞。」一九六〇年代是克萊伯恩影響力達到顚峰的時期，他是那一位「品味定義者」（tastemaker），喊水結凍的權力卻成爲壓迫他的重擔。他在回憶錄中寫道，許多不成眠的夜晚，他在腦中秤著一間餐廳比起另一間餐廳的星星價值，憂心著荷蘭醬（hollandaise sauce）的隱味到底是羅勒還是他認定的迷迭香。

沉重負荷讓他一度在一九七〇年離開《紐約時報》，而當他在一九七四年回任美食編輯時，《紐約時報》同意他不碰餐廳評論。

「他也不必再寫了，因爲他已經示範了餐廳評論該怎麼做。」皮特・威爾斯後來爲此做了注解。

❶ fine dining，中文或可稱為「精緻餐飲」，根據《劍橋詞典》，意指「一種通常在昂貴餐廳進行的用餐方式，這裡會向人們提供特別優質的食物，往往以正式的方式呈現。」（a style of eating that usually takes place in expensive restaurants, where especially good food is served to people, often in a formal way.）

❷ 新料理運動（Nouvelle Cuisine）發生於一九六〇年代與一九七〇年代的法國，相對於前一時代由傳奇大廚艾斯考菲（Auguste Escoffier）確立的傳統法國料理，強調更新鮮、更輕盈、少油少膩的烹調方式，代表性的主廚包括米歇爾・格哈（Michel Guérard）、艾倫・查佩（Alain Chapel）、侯傑・維傑、涂華高（Troisgros）兄弟、保羅・包庫斯等等，他們後來都成為知名的法國當代大廚。

紐約時報第一位女性餐廳評論人
咪咪・薛拉頓

自從克萊伯恩於一九六〇年代建立《紐約時報》的餐廳評論制度後，報紙飲食版似乎又成爲男性的場域，餐廳評論人的權威感與專業形象在讀者眼中是穿著筆挺西裝的男士，直到咪咪・薛拉頓（Mimi Sheraton）出現。她是《紐約時報》第一位女性餐廳評論人，任期爲一九七五年十二月至一九八三年。

薛拉頓直到二〇二三年四月離世前都很活躍，發推特（如今的X平台）、做播客（Podcast）、寫部落格，網路聲量勃勃，一點也不像九十幾歲的老奶奶。「以老人來說我太有活力了。」（I'm too young to be this old.）二〇〇四年她接受老東家《紐約時報》訪問時如是說，當時她已高齡七十八歲。

也難怪，她可是第一位喬裝易容去吃飯的餐廳評論人（這招不是露絲．賴舒爾發明的），她堅決相信餐廳評論人必須匿名，「時間已經證明了，食評家會得到特別的關照、特別的餐點，任何不這麼認爲的人，不是笨蛋就是騙子。」《紐約時報》設下的規矩是，餐廳評論人撰文前必須造訪餐廳至少三次，薛拉頓時常去到六次至八次。爲了一篇〈上哪去吃紐約最棒的煙燻牛肉與鹹牛肉〉（一九七九年），她在一天內評比了一百零四款三明治，斤斤計較包夾其中的肉片品質與三明治的組織構造。

在加入《紐約時報》以前，她就做過驚人之舉：嘗遍布魯明黛百貨（Bloomingdale's）美食部門的每一樣商品，共一千一百九十六項，花了十一個月。一九七二年那篇《紐約》（*New York*）雜誌的驚世巨作亮相後，招來法國高級食材店「Fauchon」的邀約：您願不願意來巴黎度個週末呢？

但若只是堆疊資料勤奮做工，薛拉頓也不會盛名綿延。她觀點犀利，文筆精鍊，一針見血箭無虛發，即便時常語出驚人，卻也因實證堅強論理有據，不會有損形象。美國法籍名廚讓-喬治．馮格里奇頓（Jean-Georges Vongerichten）曾讚譽薛拉頓：「她的知識沒有界線，她的風味字彙終極完美，她的意見堪比黃金。」她的後輩、曾任紐時餐廳評論人的露絲．賴舒爾也說，薛拉頓堅強、無懼、直率，讀她的評論總能強烈感受到文字背後的那個人，「從事這工作愈久，我就愈尊敬她。」

薛拉頓寫作不輟，二〇〇四年出版自傳《食言：一輩子的胃口》（*Eating My Words: An Appetite for Life*），二〇一五年出版《死前必須吃的一千種食物》（*1,000 Foods to Eat Before You Die: A Food Lover's Life List*）。現在仍然可以在美國主流媒體讀到她的文章，她在推特（現X平台）上的自言自語仍然可以掀起軒然大波。二〇一七年，她看不慣美國的羽衣甘藍狂潮，發推文說羽衣甘藍可以「從農場到垃圾桶」，引發群情激憤；二〇一八年，她看不過眼美國人迷戀楓糖漿，發推文指稱楓糖漿是典型的美國壞口味，眾聲喧嘩。隨後她撰文闡述己見，燦爛文采與其鮮明的好惡一般，柴旺火烈。

談到美食評論，薛拉頓同樣強調寫作的能力與食物的知識。她認爲，有時候寫作的專業性已超越美味的享受，「不論你有沒有心情，這是你的工作且你必須完成它。這和肚子餓不餓無關，我已經六十年沒有餓過肚子了。」

緬懷金牌吃貨喬納森・古德

二〇一八年，美食界失去了三位重要人物，一位是安東尼・波登（Anthony Bourdain），一位是侯布雄（Joël Robuchon），還有一位是喬納森・古德（Jonathan Gold）。七月二十一日，不過是確診數週後，古德即因胰臟癌逝世，享年五十七歲。

古德對台灣讀者來說是陌生的名字，在美國則是家喻戶曉的美食評論家。他是第一位以美食評論獲得「普立茲獎」的作者（二〇〇七年），他的「九十九間洛杉磯必吃餐廳」被改編成饒舌歌曲，他的名字可以是動詞——推薦餐廳的意思，且值得信賴。

他也是紀錄片《金牌吃貨的美食聖經》（City of Gold）的主角。半年前我剛好在紀錄片線上串流平台「giloo」上觀賞此片，這才知道，身軀肥大、披頭散髮的古德不只是吃貨，更是一位大才子來著！成爲喊燒排隊的美食評論家前，他殷勤書寫的是音樂，從古典樂寫到嘻哈，逍遙寫意；他在UCLA主修音樂史，輔修藝術，一度嚮往行爲藝術家的生涯；他從小就學習大提琴，且極有天分。一個天生對音樂、藝術、文字敏銳有感的才子，書寫美食毫不費力。

一九八六年，古德在《洛杉磯週報》（*LA Weekly*）開了一個美食專欄，介紹他喜歡吃的店家，週復一週建立起他尋吃品吃的名聲，特別是那些隱晦難覓、由移民開設的異國料理。早在安東尼・波登與旅遊美食節目《古怪食物》（Bizarre Foods with Andrew Zimmern）之前，他已經品嘗了無數的羊腦、豬血湯、生章魚腳，造訪了無數的塔可餐車、小籠包店、烤肉餐廳。《金牌吃貨的美食聖經》收錄了幾間古德特別喜歡或曾經幫助過的店家，一間洛杉磯的衣索比亞餐廳「Meals by Genet」，老闆阿格納佛（Genet Agonafer）就非常感謝古德的報導，讓瀕臨倒閉的餐廳瞬間客滿，「我根本來不及煮」。

以韓式塔可餐車「Kogi」起家，在美國有餐車天王之稱的名廚崔羅伊（Roy Choi），也是被古德發掘的明星。崔羅伊稱古德爲「我們的美食社群之父」，「他養育我們，不只用他的知識也透過他的搜索，他一邊搜索，我們一邊學習。」

古德當然清楚意識到自己可以左右餐廳命運的力量。他曾經受訪指出，在他的評論生涯早期，他很享受這種力量，「像是獵人擊殺一隻水牛」，然而他卻逐漸感到困擾。「如果我寫一篇《復仇者聯盟》電影的負評，漫威仍會繼續存在；但如果我寫一篇餐廳負評，我很可能只是因為自己的美學見解讓四十個人失業。」於是他傾向不寫那些他不喜歡的餐廳，而當他非常喜歡一間餐廳，他會確保讀者知道。

這樣的慈悲心，讓他的美食評論多了幾分人情味。他寫美食，其實是在寫人，以及孕育人與食的文化。他始終保持謙卑，稱自己寫作不過是為了「讓人們不再害怕自己的鄰居，造訪這個城市的每個角落，而不只是待在自己的社區。」洛杉磯因為他而更多元美好。

給負評的藝術

在此刻，人人都能當美食家，報社聘僱的餐廳評論人還有存在的必要嗎？這提問在美國是個眞議題（在台灣不是，因爲台灣根本沒有所謂「報社聘僱的餐廳評論人」），畢竟美國誕生了大眾點評網站「Yelp」，發明了社群網站「Facebook」與「Instagram」，這些都賦予了芸芸眾生話語權，瓜分了傳統媒體的傳播效度與營收。

《紐約時報》的餐廳評論人卻始終很有影響力。本書回溯《紐約時報》如何建立起餐廳評論人的制度與權威已如前述；眼下，即便餐廳的生死已不取決於其一人一言，那樣嚴謹愼重的工作方式，類比時代的堅持與古板，在數位時代的眾聲喧嘩中更顯珍貴。

《紐約時報》現任餐廳評論人是皮特．威爾斯（Pete Wells），二〇一二年一月走馬上任。他的文筆精準剔透，視角獨特卻不標新立異，反省與批判埋藏著深刻情感。如同他的前輩們，威爾斯也曾經因爲評論餐廳引火上身，而在社群媒體興盛的時代，威爾斯寫的餐廳評論也曾造成「病毒擴散」（go viral）的瘋傳現象。

其中一次是針對美國電視名廚蓋．菲里（Guy Fieri）位於紐約時代廣場的餐廳「Guy's American Kitchen & Bar」，發表於二〇一二年十一月。噢，那篇文眞是經典！既幽默又毒辣且才華洋溢，威爾斯以致蓋．菲里的公開信爲格式，用一連串的問句破題：「蓋．菲里，你吃過你在時代廣場的新餐廳了嗎？你有坐進Guy's American Kitchen & Bar五百個座位的其中一個並點餐嗎？你有吃到餐點嗎？這家餐廳有符合你的期待嗎？」

「你有注意到菜單對於預告上桌的食物完全沒幫助嗎？」、「你有試過那個像核廢料一樣發光的藍色飲料嗎？」、「到底該怎麼讓墨西哥玉米片，這種全美國最不可能搞砸的食物，如此不受喜愛？」

我記得我一邊讀一邊笑不可遏，全美國的讀者大概都被逗得樂呵呵。遭受

《紐約時報》餐廳評論人有史以來最苛刻的批評，蓋·菲里自然怒氣沖沖，公開反擊威爾斯「太超過」、「感覺別有用心」，並且主張在餐廳剛開幕的頭兩個月就下判斷並不公平。不過威爾斯可是在那兩個月內造訪了四次。

《紐約時報》的餐廳評等以四顆星爲最高榮譽，沒有得星的餐廳會被評以「差勁」、「普通」或「滿意」。Guy's American Kitchen & Bar成爲威爾斯自始至今唯一一間評爲「差勁」的餐廳。事實上，若在《紐約時報》的網站搜尋「差勁」的餐廳評論，也只能找出三篇。這篇二〇一二年十一月才刊出的文章，竟然成爲《紐約時報》當年度「最多被電郵轉寄的文章」第五名。

毒舌往往比讚美容易出名，威爾斯卻不是爲了毒舌而毒舌。《紐約客》二〇一六年時爲威爾斯做了一篇深度專訪，其中提到威爾斯不喜歡給一星，因爲他認爲一間「好卻不夠好」的餐廳很難說服業者與讀者，他喜歡的餐廳通常都會給二星，而這又會讓人質疑他的標準何在。此際，嚴厲的負評就能標定批判的界線。而餐廳負評要具備新聞價值，這餐廳必須是系出名門或有強大的商業後台。

Guy's American Kitchen & Bar於二〇一七年十二月三十一日關門大吉。

紐約時報食評家與美國教父級主廚的對決

《紐約時報》餐廳評論人從不畏於給出負評，現任的皮特·威爾斯如何鞭笞美國電視名廚蓋·菲里的餐廳「Guy's American Kitchen & Bar」已如前篇所述。其實，威爾斯還曾經單挑過美國教父級主廚湯馬斯·凱勒（Thomas Keller），將其紐約地標餐廳、米其林三星的「Per Se」從《紐約時報》餐廳評鑑四顆星降至二顆星，重重一摃天崩地裂，美國餐飲界彷彿經歷一場大地震。

震央自然是湯馬斯·凱勒本人。他在美國佔據不可動搖的地位，其一九九四年在加州揚特維爾（Yountville）開業的餐廳「The French Laundry」是現代美國烹飪的經典，高掛米其林三星多年，從這裡培養出許多世界知名的主廚如格蘭特・艾卡茲（Grant Achatz）、柯瑞・李（Corey Lee）（二人都摘過米其林三星）；二〇〇四年湯馬斯・凱勒進軍紐約開設Per Se，不僅瞬間造成轟動，二〇〇六年首次發行紐約版《米其林指南》就摘下三星，維持至今。湯馬斯・凱勒因此成爲美國唯一擁有二間米其林三星餐廳的主廚，放眼世界也是了不起的成就。

於是，當威爾斯批評Per Se餐廳「傲慢、封閉、自以爲、不大方」、「逐漸變得平庸與漫不經心」、「講得好聽是相當無聊，講得難聽是令人失望地平淡無奇」……令許多人不敢置信。這篇文章在二〇一六年一月十二日刊出，威爾斯從前一年的秋天起造訪Per Se三次，他在文章裡敘述蘑菇餡派又黏又油，沙巴雍醬（sabayon）裂解分層，奶油煮龍蝦難嚼得像是海裡的軟骨，松茸高湯混濁宛如水煙的水。服務也有諸多缺失，譬如服務生忽視掉在地上的餐巾，侍酒師堅持自己選的酒比較好等等。於是在Per Se用餐貴得不合情理。

湯馬斯・凱勒在文章刊出後二週在官網發出公開信向顧客道歉：「很抱歉，我們讓各位失望了。」八個月後他才在一篇美國《城鄉》（*Town & Country*）雜誌的專訪中吐露心聲：「那是一場災難。」但他不認爲威爾斯是惡意攻訐，他在專訪中說：「或許我們太志得意滿了，也許，作爲一個團隊，我們是太傲慢，自尊過盛了。」一個明顯的警訊是，整間餐廳沒有人認出威爾斯，他可不會變裝，而就算他是一般客人，他也在短期內造訪了三次，「有人應該要察覺到的，我們的工作就是追蹤回訪客人的喜好，你必須建立關係。」

威爾斯評論一出，有人稱他爲「平民英雄」，有人主張這將改變fine dining的走向。Per Se眞的過時了嗎？這般耗時花錢、正經八百的fine dining餐廳，眞的不值得存在了嗎？此刻觀察，這樣的結果並沒有發生。Per Se的螺絲鬆了，調緊就好；fine dining即便派生出各種較爲簡便輕鬆的型態，基本功的磨練、求精求善的態度從未消失，總有廚師嚮往之，總有食客享受之。

三年後，湯馬斯．凱勒終於能幽自己一默。The French Laundry在二〇一九年初推出一道「水煙的水」，氤氳白煙籠罩的牛肝菌湯倒入胡蘿蔔、高麗菜與韭蔥黑松露卷裡，僅提供給餐飲業內人士的隱藏菜單。明白此玩笑的人就會知道，湯馬斯．凱勒已擊退了當初的挫敗感。

紐約時報餐廳評論人的工作內容是什麼?

美食評論家到底在做什麼?如我先前所述,我認爲報社聘僱的餐廳評論人是美食評論家中最嚴謹的一類,因此這個問題,《紐約時報》現任餐廳評論人皮特·威爾斯最適合回答。威爾斯過去幾年陸續接受媒體專訪(包括自家《紐約時報》),暢談他的工作內容與職業眉角。噢!當然,他從未公開露面,他還是得假扮路人上餐館的。

他都怎麼挑選餐廳?在一篇《紐約時報》的專訪中,威爾斯說有些餐廳是他不得不去的,好比知名主廚、知名業者的新餐廳,或是知名餐廳的再訪;剩餘的餐廳彷彿大海撈針,他通常會如此定方向:具備某種特殊性,譬如還不在吃貨雷達上的區域，還不廣為人知的料理，或某個感覺新奇的概念等等。他也會藉由某一間餐廳討論一個他認為有趣或重要的議題。歸根究柢，他要尋找可以推薦給讀者的餐廳，「我寧願告訴大家該去什麼地方，而不是告訴大家該避開什麼地方」，畢竟普普通通的餐廳太多了，「標出那些不怎麼樣的餐館對我來說沒有意義。」

《紐約時報》有餐廳星級評等，如果威爾斯要給一間餐廳星星，他必須造訪那間餐廳至少三次。如果是一般單點菜單，他會找四、五個親友一起去吃，點三、四十道不重複的菜色來品嘗；如果是品嘗套餐（tasting menu），他可以一個人去吃飯。

他怎麼記得吃了什麼？「以前我會試著記下餐盤上的每一莖、每一葉。」威爾斯說，「但在某個時間點後我就允許自己忘記某些東西。一道菜裡讓我印象深刻的風味，那些元素才真正重要。」他會在用餐的空擋寫下幾個重點。

《紐約時報》的餐廳評論收錄許多高級餐廳，威爾斯會不會覺得他都在寫普羅大眾難以消費的場所呢？他說他有想過這個問題，的確如此，「但是另一方面，那些料理細膩、服務周到的餐廳確實代表了比較高端的精緻面向。」他承認在一般人進得了門的餐廳與高端餐廳之間，他有些掙扎。

威爾斯上餐館必須隱藏身分，與主廚也保持距離，如果在一個雞尾酒派對上，他看見如美國韓裔名廚張錫鎬（David Chang）這樣的人物走了進來，他必須馬上離開。「和你必須毫不猶豫摧毀的人變得親近是很危險的。」

然而報紙的餐廳評論在大眾點評網站的時代下還能存續嗎？想想看美國的Yelp，人人都是美食家。威爾斯一針見血：「這跟Yelp無關。這跟付餐廳評論人薪水的媒體的現金流有關。這才是眞正的威脅。如果你的地方報紙必須不斷砍預算，餐廳評論就會被腰斬，因爲所費不貲。」

數位時代下的餐廳評論何去何從，必須留待日後好好討論。

美食評論家還有匿名的必要嗎？

一則影片中，《紐約時報》前、後任餐廳評論人山姆·希夫頓（Sam Sifton）與皮特·威爾斯一同入鏡，威爾斯用報紙擋住面孔。《紐約時報》餐廳評論人的身分必須隱匿，這條規則自從克雷格·克萊伯恩建立後，已經約束了五十年。「今天我們要不要打破五十年來的匿名規則？」希夫頓開朗提議，顯然想在直播中製造高潮，威爾斯抵抗得不眞不誠，倏忽把手降下。報紙後面的臉是猙獰的野豬面具。

這是一個拙劣的玩笑，二位餐廳評論人都不擅長做脫口秀，卻生動地演示了《紐約時報》堅決捍衛餐廳評論人匿名規則的決心。

這卻是一條不合時宜的戒律。在社群媒體滲透生活、人人都是美食家的時代，餐廳評論人（或者美食評論家）還有匿名的必要嗎？

一個明顯的尷尬點是，他們長什麼樣子早就是公開的祕密。威爾斯的相貌是可以在網路上搜尋到的，即便就是那一百零一張大頭照，也早已被貼在各大餐廳的內場牆上。二〇一三年，《紐約雜誌》的餐廳評論人亞當．普拉特（Adam Platt）發文公告，他從此不再隱身，揭露他的眞面目，《古怪食物》的知名主持人安德魯．席莫（Andrew Zimmern）爲此幽默一推：「大公開……給紐約市不知道他長相的三個人！」

二〇一五年，已故知名美食作家、《洛杉磯時報》餐廳評論人喬納森．古德也公然「出櫃」，「我早已習慣假裝沒發現餐廳員工正在假裝沒注意到我在注意他們。」他撰文時正値以他爲主角的紀錄片《金牌吃貨的美食聖經》發行前，他認爲，全美國只有少數餐廳會爲熟客端出比較好吃的餐點（例如紐約的「Daniel」），但大體上，一個廚房團隊的表現每天都差不多。食譜是一樣的、食材已經採購了、視覺美感已經設定好了，就跟舞台劇一樣，一齣《李爾王》不會因爲台下沒有坐著劇評家而比較不好看。

古德更主張，這種躲貓貓遊戲對於美食評論家以及他們筆下的餐廳都有傷害。「如果主廚在明知美食評論家在場的情況下確實表現比較好，那麼其他沒有警告機制的餐廳將永遠居於下風；若美食評論家認爲自己是隱形的，那麼他很容易變得殘酷。當認眞的美食評論已被Yelp、Instagram、推特（現X平台）、臉書與部落客淹沒，他們認爲自己有義務去評論餐廳，這種歌舞伎般的假裝只是一種干擾。」

也就是說，原本評論家匿名是爲了取得和「一般消費者」同等的眞實體驗，然而現在此目的已經不存在：每天都有成千上萬的「一般消費者」上網發表他們的眞實體驗。評論家不再需要假扮一般人，當人人都在扮演美食家時，評論家的角色應該是傳達知識、表達觀點，在眾口鑠金中成爲那個最閃亮的權威。

在「出櫃」後，普拉特與古德都說他們不會改變老習慣，還是會用各種化名訂位——普拉特：「比起假髮或假鬍鬚，驚喜的藝術才是一個評論家最實用的工具」；威爾斯說他每週甚至每天都用一個假名，用繁多手法隱蔽他的電話號碼，擁有三十幾個電郵地址。希夫頓幽他一默：「所以你是不會遇到危險的傑森·包恩（Jason Bourne）？」威爾斯妙回：「我還是會遇到危險啊，我有可能會吃壞肚子。」

紐約時報食評家再度出拳，重擊紐約地標牛排館

我們已經見識過《紐約時報》餐廳評論人皮特·威爾斯的強大火力。二〇一九年十月，威爾斯又掀「腥風血雨」，被洗臉的主角是紐約地標牛排館「Peter Luger」，天哪，是Peter Luger！無怪乎紐約全城再度群情沸騰議論蕩漾，像Peter Luger這般不可動搖的餐廳都被動搖了。

Peter Lugar 一八八七年開業於有許多德國移民的威廉斯堡（Williamsburg）社區，一百多年來已成爲紐約市不可或缺的經典牛排館，不僅世界知名、各方遊客朝聖，也深受紐約客愛戴與擁護，即便所費不貲，許多人數十年如一日去吃他一份紅屋牛排（porterhouse steak）與厚切培根。

威爾斯卻覺得完全不值得。他對於百年老店迂腐傲慢的態度尤其不滿，譬如他們始終不開放信用卡付費（雖然已開放金融卡付費）；坐在吧台的客人必須分別向酒保和服務生點酒和點餐，結帳、小費也是分開；客人需要幫忙的訊號不會馬上被接收；而不論有無訂位都要等待的漫長時間裡，也不會有人向你微笑表達關心。

他對餐點也很有意見。他批評鮮蝦雞尾酒「永遠都像冷冰冰的合成乳膠浸在番茄醬與辣根裡」，龍利魚的底部「味道乾柴如粉末」，炸馬鈴薯「糊爛、陰晦、灰暗且有時半冷」，這些都不打緊，重點是，他覺得招牌的牛排也不好。以他所點的三分熟紅屋牛排而言，菲力的熟度理想，但另一側的紐約客就呈現三分熟至五分熟的不均勻熟度。他說，其他餐廳（不只是牛排館）可以將牛排處理得兩面焦香酥脆、採購風味深厚的牛肉並以乾式熟成的方式強化風味，Peter Luger卻只弄脆牛排的一面，且牛肉風味平淡而乏味。

此篇評論等同用怪手去拆自由女神像，冒犯了某些紐約人的愛鄉情感，雖然叫好者不少，卻也讓許多Peter Luger的忠實粉絲嗤之以鼻，罵威爾斯「誰會為了服務去吃Peter Luger」，「誰會去Peter Luger點比目魚」云云。身經百戰的威爾斯，竟也十分罕見地在發表該篇評論的二天後，另撰一文解釋與澄清。

過去威爾斯不是沒有說明過他的工作方法與挑選餐廳的原則，然而在這篇針對Peter Lugar評論的回應中，他開宗明義表示，身爲一個專業的評論工作者，遇見好餐廳時就像挖到寶一樣狂喜，然而遇見平庸才是日常，他一週外出用餐五次卻只會寫一篇食評。於是，針對不好的餐廳，他採行一種「捉與放」的策略，並且幾乎把壞餐廳都放走，會被他捉回來的必定是有値得這麼做的理由：「負評可能會傷害規模相對小的餐廳事業，如果我要寫負評，只有當我認爲我的讀者可能會因爲對方已經建立的名氣而花冤枉錢時。這樣的餐廳可能隸屬於某位名廚或某個口袋深的餐飲集團，或其本身的歷史與文化重要性已經超越了他所處的社區。而我認爲Peter Luger屬於最後者。」

說眞的，像威爾斯這樣扛著大媒體招牌的食評家，肩頭上的壓力比誰都重，一般部落客、網紅還可能想靠毒舌搏名氣，威爾斯完全沒有必要爲罵而罵，寫負評招來的麻煩才多。他的「一言九鼎」，比起社群時代的眾聲喧嘩，又是傳統食評與大眾點評的一個差異，箇中道理，下回再詳細討論。

傳統食評影響不了數位時代的餐廳評價？

上一篇說到《紐約時報》餐廳評論人威爾斯重砲批評紐約地標牛排館「Peter Luger」，給人家評了零顆星。彷彿家喻戶曉的電視明星被痛扁，有人心疼，有人叫好，全城熱議數日不休，還在推特（現X平台）上形成流行趨勢（trending）。

美國許多媒體都以熱門事件的規格報導此事。《紐約時報》自己就整理了一篇讀者迴響，以「終於！」爲題，力挺自家食評；《Eater》網站也有類似報導，說紐約人早就看Peter Luger不爽了。同情Peter Luger者當然爲數眾多，許多人主張「從未在Peter Luger吃過不好的一餐」，許多人訕笑威爾斯去牛排館點魚來吃（即便食評家確實有義務什麼都點來嘗嘗）；贊同威爾斯者也所在多有，紛紛附和「正義之聲」，或是往臉上貼金：我的品味跟權威食評家一樣！

然而，Peter Luger會因此受到重傷嗎？美國網媒《HuffPost》的一篇報導認爲不太可能。其主要論點在於，在數位與社群時代，傳統食評已逐漸流失觀眾，過往密切追看評論的讀者年華老去，新時代的讀者則根本不看《紐約時報》的食評，Instagram上的一張照片對他而言更有參考價值。記者還去檢視Peter Luger的臉書粉絲專頁與Yelp的評分，我撰文此刻再去查閱，臉書粉專拿到滿分五分中的四．七分（四一三二位使用者的評價），Yelp有五顆星中的四顆星（五六〇九位使用者的評價），二者都是好評。記者據此認爲這類大眾點評機制不受傳統食評影響，即便傳統媒體仍有食評家發聲的空間，新時代的媒體卻已是社群媒體的天下。「食評家已與時代脫節，威爾斯寫負評不過是爲了搏流量。」是這篇報導的核心結論。

等等，今天若是一個路人在Yelp上面寫負評，會有人在意嗎？不要說一個路人，一百個路人去給負評都不會上新聞。就偏偏是威爾斯寫的負評會在推特（現X平台）上流行，會被諸多記者拿來大書特書，大家有想過嗎？揶揄威爾斯寫負評是爲了刷存在感，未免太小看《紐約時報》，也太不尊重專業食評肩負的壓力與下判斷的百轉千迴。

威爾斯因此罕見地在發表Peter Luger評論後，另撰一文解釋與澄清，除了再次說明他寫負評的原則已如前一篇文章所述，威爾斯也首度吐露心聲：三年前當他把紐約知名的Per Se餐廳從四星降爲二星時，他完全斷網，把家裡的Wi-Fi關掉，直到煙硝散去才收信回訊。「我並不是想躲避千夫所指。」他如此訴說，「而是我明白一篇負評會爲雙方陣營帶來火把與乾草叉（意指群情激憤）。」「暴民會讓人看得目不轉睛，但我並不相信他們。」

對於專業食評家而言，寫負評根本是自找苦吃。

眾聲喧嘩中，反而更需要定錨者。沒錯，大眾點評類社群工具很多人用，人們卻依然渴望權威的指引。這樣的權威，過去需要靠大報社、大雜誌、電視台來供養，現在卻未必了，當傳播的權力下放，當傳播的管道掌握在不特定人手裡，權威的誕生可以平地而起，只要他能抓住自己的觀眾。

至於威爾斯，人家也有用Instagram呢。針對那些嘲諷他在Peter Luger點魚來吃的人，他發了一張綠花椰的照片，底下的圖說是：「等著看你們發現我還點了什麼吧。」

只要我喜歡，罵餐廳有什麼不可以？

當然不可以。客人不永遠是對的。

也就是說，在數位時代，與其擔心傳統食評的影響力不若以往，不如擔心網路世代不負責任的言論會傷害餐飲產業。沒錯，大眾點評類的網站很多人使用，Google、Facebook的商家評論很多人參考，然而，現在是一個稍有不快就能躲在鍵盤後發洩的年代。

餐廳不願意免除開瓶費，一星；不能帶寵物用餐，一星；電話打不進去，一星；去雞肉專門店點不到牛肉，一星；去餐廳慶生而沒有被招待蛋糕，一星。這一顆星可不是米其林授與的，而是滿分五顆星裡的最低評價，餐廳還摘不了米其林星星，卻在網路上成了一星餐廳。主張傳統食評不如大眾點評的一個論點是，網友評價的眞實性比較高，你願意相信和你一樣的老百姓的日常體驗；然而，眾聲喧嘩眞能反映出眞實？網民有對自己說的話負責嗎？

更無奈的是，還有人認爲美食評論人人可爲之。

確實，好像人人都可以當美食家。傳播工具普及，傳播權利下放，媒體的生態已經被劇烈改變；你不需要報社頭銜，不需要電視曝光，只要有社群媒體帳號，就能產出內容。現在的觀眾，與其看報紙食評，不如看部落客食記；與其看電視美食節目，不如看直播主品嘗美食。美食這個題目永遠有市場，只是有不同的內容製作者，而且，好像變得沒有門檻。

所以我們就能接受錯誤與無知的訊息嗎？

觀看直播主的影片、閱讀部落客的食記，首先只能希望資訊沒有錯誤。主廚的名字不要拼錯，牛肉熟成了幾天不要搞錯，「滷」不要寫成「魯」，松露菇醬不是黑松露本人，莫札瑞拉與帕米吉安諾不是人名，而是二種不同的起司。

就算資訊對了，卻經常滿溢不知所云的個人感受。鴛鴦麻辣鍋的白湯裡加了青菜就說「看起來怪怪的」；一律以上桌時熱不熱來判斷麵包好不好吃；主廚做的明明是素鵝，卻被評爲不好吃的「軟軟的春捲」；主廚擺盤留白有其個人美學，卻大言不慚「看不懂要表達什麼」。尤其，個人感受裡的「還好」、「普通」、「不推」等等，往往不附理由；總算要嘖嘖稱讚了，卻也只是模糊其詞：「這味道很特別。」當他大呼小叫「這是我吃過最好吃的」，實在令人納悶，你覺得好吃很重要嗎？

口味是一種主觀感受，許多人口口聲聲「我們要尊重不同人的口味」。可是，美食評論是有其專業法門的，不是一個路人張嘴說話就算數，更不是敢批評就中肯。任何一種評論，都是見識與知識的累積，你得嘗過夠多的食物，讀過夠多的書，去過夠多的地方，對於食材、烹飪技巧、地方風土、人文民情、歷史脈絡、國際趨勢都有理解，才能眞正產出有意義的美食評論。

否則，那些內容生產者與受眾討論的飲食面向只是在非常低的層次。也就無法怪網友留言「部落客九成都是垃圾」。

我們想要什麼樣的美食評論？

傳統食評的影響力不如以往，這是網路時代的主旋律。若採取偏向建制的看法，如我一貫的主張，認爲美食評論有其專業法門，「美食家不是人人能當」，那麼必然會遇到一個問題：美食評論該怎麼與時俱進？

這不是「是否」的問題，而是「如何」的問題。牽連層面也不僅僅媒體載具與傳播渠道，不唯傳統媒體對比大眾點評或YouTube網紅，甚而涉及品味與階級，性別與種族，以及世代差異、社會脈動、文化思潮的演進。

我們這一代人想要什麼樣的美食評論？

此等討論，在美國每隔一段時間就會出現。自從《紐約時報》首任餐廳評論人克萊伯恩在一九六〇年代建立報紙美食評論的原型，進入千禧年後，「傳統食評瀕臨絕種」的聲音不絕於耳，一方面是報社愈來愈不傾向聘雇專任的餐廳評論人，二方面是即便有所聘僱，報社提供給餐廳評論人的用餐預算也愈有縮減。這是所有傳統媒體實體銷量與廣告業務下滑的共通痛點，要砍預算，當然先砍有如肥肉上面那層油的美食部門。

媒體生態變遷引發的焦慮中，《舊金山紀事報》（*San Francisco Chronicle*）的前後任餐廳評論人交接，更凸顯了美食評論的世代交替，以及美食評論應被賦予何等新意義。

二〇一八年九月，《舊金山紀事報》餐廳評論人麥克．鮑爾（Michael Bauer）退休了。當他於同年七月宣布退休消息時，許多人跟著熱議，這個他坐了三十二年的位置，會由誰來接任；也就在同一個七月，《洛杉磯時報》餐廳評論人古德因胰腺癌驟逝。美國西岸頓時空出二大餐廳評論人的職缺，《華盛頓郵報》（*The Washington Post*）因此刊出一篇專文，以〈我們是否來到美食評論的分叉路〉為題，特別指出幾個美國美食評論的大問題：是否該由單一評論人負責整個區域的評鑑？什麼樣的餐廳該被評鑑？評論的範圍該限縮於食物、裝潢與服務嗎？還是該觸及更大的社會議題？這個職位該由非白人的男性或女性擔任，以期帶來新觀點嗎？

最後一點，針對《舊金山紀事報》特別有意義，因爲鮑爾是典型的中產階級白人男性，偏好精緻餐飲與法國料理，他評論的餐廳絕大多數偏向高級餐廳，幾乎不造訪任何種族餐館或街頭小吃。他擁有忠實的讀者群，很多人和他一樣屬於戰後嬰兒潮；然而讀者組成也隨著時代推進而產生變化，他的繼任者，還需要是另一個他嗎？

《舊金山紀事報》給出一個激動的「不」。二〇一八年十二月，該報新任餐廳評論人公諸於世：蘇萊爾·何（Soleil Ho），越南裔女性，自稱酷兒（queer），年方三十一。她的身上貼了好幾個非主流標籤，而當她的前任者開始從事美食評論時，她連個胚胎都還不是呢。

蘇萊爾上位，是否意味著美國的美食評論已進入一個新紀元？

美國的第三波美食評論潮流？

二〇一九至二〇二三年的《舊金山紀事報》餐廳評論人是蘇萊爾，三十一歲、女性，越南裔、酷兒、泛性戀。和其前任餐廳評論人鮑爾的白人中產男性身分一比，蘇萊爾上位，象徵美國的飲食評論已進入一個新時代。

《華盛頓郵報》在一篇針對蘇萊爾的專訪中，簡述了美國飲食評論的三波潮流：第一波是白人評論家，為權威媒體評鑑高級餐廳，偶像化法國廚師，推崇正式餐飲，代表人物就是《紐約時報》的克萊伯恩。第二波加入了個性與觀點，代表人物有古德、賴舒爾、安東尼．波登等人，雖然仍以男性、白人為主，看待異國飲食與文化的態度卻更開放，更精準區分地方習俗與風味，並融入歷史、文化、政治等視角，成為讀者認識世界的窗口；然而，相對於這些異國文化，他們仍是局外人。

第三波的主流人物或許可謂蘇萊爾。她成長於紐約的越南家庭，由單親媽媽帶大，從小吃祖父祖母做的越南食物，也吃在美國能取得的各種餐點。大學畢業後，她曾在有機農場工作，也曾在美國各地當廚師；當她媽媽去墨西哥的巴亞爾塔港（Puerto Vallarta）開餐廳時，她也跟去了，一邊從事自由寫作與線上有聲節目（Podcast），一邊進廚房幫忙。她在波特蘭的一間餐廳當主廚時，經歷過資方的種族歧視與騷擾，那些憤恨與挫折，是她製播「種族主義者三明治」（Racist Sandwich）此一Podcast節目的動力。

現在你明白蘇萊爾成爲傳統大報餐廳評論人的意義了嗎？第三代移民、性向多元的年輕女性，坐上權威的位置，指點人們吃喝。

「指點人們吃喝」這說法又太欠缺使命感了。作爲長年關注種族、性別、階級與食物的交互作用的餐飲工作者，蘇萊爾心裡盤算著各種大議題：文化欣賞（appreciation）與文化挪用（appropriation）的界線爲何？食材與勞力的眞實成本該如何計算？如何讓餐飲產業變得更無障礙、公平、公正？如何推動飲食評論一行前進，彌補過去的缺失？

她砍除了《舊金山紀事報》的星級評等制度，因爲她評鑑的對象兼含塔可與分子料理，「星級制度將這些餐飲類型放在同樣的光譜上，使它們蒙受損害」；當她在餐廳上廁所，她會注意洗手間是否性別中性；她關心一間餐廳對於身障者的友善程度，以及菜單上是否有足夠的植物性（plant-based）菜色。

改變世界靠不了一人之力，改變卻正在悄悄發生。《華盛頓郵報》的專訪還提到，除了蘇萊爾，《洛杉磯時報》由古德遺下的食評空缺由比爾．艾迪生（Bill Addison）與派翠西亞．埃斯卡塞加（Patricia Escárcega）補上（派翠西亞於二〇二一年四月卸任），《紐約時報》由特賈．拉歐（Tejal Rao）擔任新設的加州食評，「他們將一起把美國美食媒體的重心往西邊挪。」不只如此，非白人、女性的食評家愈來愈佔據重要地位：埃斯卡塞加是在南加州長大的墨西哥裔女性，拉歐是青少年時移民美國的烏干達與印度混血女性。

新官上任三把火，蘇萊爾開鍘了。應聲而倒的是加州聖殿、「從產地到餐桌」的重要推手「Chez Panisse」餐廳。

焦糖卻是酸的，榛果也烘過頭了。

「整體而言，Chez Panisse的菜色對我來說太簡單了，雖然我知道這是家常風格與每日替換菜單所帶來的結果。這讓我納悶，廚房是否讓食材承擔太多責任。」蘇萊爾以一種新世代的口吻作結，「自一九七一年以後，已經有許許多多有趣的觀點從飲食世界浮現，Chez Panisse的手法相形之下顯得不合時宜。」

教母本人面對批評指教，禮貌地表示自己「不是害怕批評的人」，但她不同意蘇萊爾稱Chez Panisse「不合時宜」，「我認為稱呼一間擁有重要飲食哲學的餐廳又老又累是不公平的。這樣的哲學永遠也不會衰老過時，支持照顧土地的人是我們此刻在地球上能做的最重要的事。」美國米其林三星名廚柯瑞・李也公然嗆聲蘇萊爾，「我們更該問的是，在一個欠缺經驗與成熟度、只懂得追新逐異的年輕飲食文化裡，Chez Panisse怎麼能存續這麼久？」

聖堂神殿就不會變老變舊嗎？偶爾踢上一腳也不減光輝吧。其實我能理解蘇萊爾批評的點，意即當「吃在地、吃當季」已成為主流價值，已代代相傳奉行無礙，受其啓發的年輕世代想得更多、做得更用力，端出美味與美感兼備的料理，設計出更周全的用餐體驗時，前輩們憑什麼倚老賣老？

試探討美食家的養成

美食家是誰？如何被養成？這個問題始終在我心頭盤旋。我認爲「報社聘僱的餐廳評論人」是美食評論者中最明確的一類，於是從《紐約時報》於一九六〇年代創設第一位餐廳評論人克萊伯恩寫起，陸續介紹幾位美國食壇具有分量的食評。

後來受到朱宥勳的著作《作家生存攻略：作家新手村1技術篇》、《文壇生態導覽：作家新手村2心法篇》的啓發，我又有一些新想法。這兩本書非常有趣，前者探討作家的養成，一個「素人」可以如何「入行」，可以如何以文學創作爲業等等個人生存的技巧；後者探討「文壇」作爲一個「確實存在的社會場域」，其生態如何，有何「結構、階級、意識型態與價值偏好」。也就是說，朱宥勳身爲一位從學生時代開始寫作、已累積成果的青壯作家，以其「過來人」的經驗寫出文學界的潛規則，揭露作家精神性的表面底下的俗務，卸除文壇與世隔絕的壁壘。當然，潛規則曝光後未必能改變業界生態，但至少讓局外人看明白，這局打的是什麼牌。

美食家是否可以比照辦理？

或許，美食家是比作家更虛無縹緲的「職業」。如果作家是靠寫作維生，美食家靠什麼維生？根據朱宥勳對於作家養成的分析，「入行」是指「第一次以文字或相關知識獲得報酬」，「專職」是指「能以文字或相關知識獲得足以支撐生活的報酬」。那麼，美食家如何利用自身技能獲得報酬？又如何進一步成爲專職並賴以維生？

追根究柢，美食家到底在做什麼？

恐怕得先從幾個名詞的區辨下手。美食家、美食評論家、美食作家，是否相同？三者是否可以互相代用？中文裡，美食家與美食評論家似乎同義，都可指稱善於品評飲食的人，具備鑑賞能力與專業知識；但在英文裡，美食家（gourmet、gastronome、epicure、gourmand）與美食評論家（food critic）略有不同，美食評論家特別指稱評析食物或餐廳的人，將其飲食經驗藉由「寫作」分享給大眾，通常爲報章雜誌、旅遊指南、美食網站寫評論，爲大眾提供判斷依據，其中更特定的類型就是本文開頭所說報社聘僱的餐廳評論人（restaurant critic）。由此可見，美食評論家是一種明確的職業。

既然談到寫作，又會與美食作家產生競合，以美國而言，有著作的美食評論家通常也會被視爲美食作家（food writer），例如賴舒爾、古德、亞當．普拉特（Adam Platt）等人。可以這麼說：在美國，美食評論家、美食作家的形象比美食家更鮮明，也更多代表性人物。只要用Google分別查詢famous food writer、famous food critic與famous gastronome，就會發現，英語世界裡前二者的檢索結果遠多於後者。

那麼，美食家究竟是什麼樣的人？美食家是否寫作、是否能憑藉鑑賞美食維生，又與其身分構成有何關聯？我將接續探討美食家需要具備什麼條件，以及美食家有何養成途徑。

美食家的內涵釋義

美食家是什麼樣的人？是一種職稱嗎？是一種興趣嗎？若要繼續探討美食家的養成，必須先弄明白美食家的內涵，如此才能知曉美食家志願者必須具備什麼條件。針對這個問題，英文詞彙給予我們豐富且細緻的說明。

是啊，中文裡，美食家就是美食家，還有什麼其他詞語可以指稱「愛吃的人」、「懂吃的人」？老饕或饕客吧，饕餮都嫌偏門，「饕」又予人一種貪得無厭感，不完全等同美食家。然而在英文裡，單單「美食家」就有gastronome、epicure、gourmand、gourmet等多個用語，涵義依其歷史脈絡略有差異。

英國社會學家史蒂芬．門內爾（Stephen Mennell）在其知名著作《有關食物的一切禮儀》（*All Manners of Food*）中，娓娓道來以上幾種「美食家」的不同。他首先提到「美食學」（gastronomy）一詞，似乎是由法國詩人約瑟夫・貝舒（Joseph Berchoux）在一八〇一年所發明，作爲他寫的一首詩的標題（「La Gastronomie Ou l'homme des champs a table」〈美食或餐桌前的人〉）；其後gastronomy一詞迅速在法國與英國流行起來，用以指稱「精緻飲食的藝術與科學」。Gastronome則是從gastronomy逆推而生的詞，用以指稱「美食的評判」（a judge of good eating）；十九世紀時英國另有gastronomer、gastronomist的用法，現已罕見。

義大利「慢食協會」的創辦人卡羅・佩屈尼（Carlo Petrini），在其著作《慢食新世界》（*Buono, pulito e giusto*）中也有提到「美食學」（gastronomy）與「美食學家」（gastronome）[1]。他說，美食學（gastronomy）一詞源於希臘，以詞源學來說，意思是「胃的法則」，亦即一個人選擇且消費食物想滿足自己的胃，必須遵守一套規則；而美食學家（gastronome）這個字，一八三五年首度被正式納入《法文學術字典》時，被定義爲「負責挑選、安排、並提供豐富食物上桌的人」。

與gastronome相近的詞彙，尚有epicure、gourmand與gourmet，epicure與

gourmand詞彙較老，gourmet一詞則較新。Epicure的字根源於希臘哲學家伊比鳩魯（Epicurus），伊比鳩魯主張「最大的善來自快樂」，並將快樂區分爲動態與靜態，前者指涉正在滿足慾望時的快樂，例如享受美食的快樂，後者指涉慾望滿足後因爲平靜而產生的快樂，例如飽餐一頓的快樂。這樣的主張，使伊比鳩魯與「享樂主義」畫上等號，epicure一字因此一度帶有貪嘴暴食的貶義（接近glutton一詞）；不過在十九世紀初，尤其在英國，epicure開始獲得正面意涵，意指「爲餐桌上的歡愉培養出精緻品味的人；對於吃喝有所選擇與挑剔的人。」❷

Gourmand一詞原本也有貪嘴的負面意思，後來在法國轉變爲正面詞彙，例如十九世紀的知名美食家葛立莫．德．拉．黑尼葉創辦的美食雜誌《老饕年鑑》（*Almanach des Gourmands*），刊名就使用了gourmand一詞。十九世紀初，《牛津英語詞典》也賦予gourmand正面意涵，不過時至今日，英語中gourmand仍時常隱含貪嘴的貶義，且與gourmet所代表的「具備細膩味蕾的人」有所區隔❸。

那麼gastronome呢？門內爾認爲，gastronome與上述諸詞有一關鍵差異：一名gastronome並不僅僅為了餐桌上的歡愉培養其精緻品味，他同時協助他人培養精緻品味。「美食家（gastronome）不僅僅是一位講究吃喝的行家（gourmet），他同時是飲食品味的理論家（theorist）與宣傳者（propagandist）。」❹

於是，美食家似乎不能只是享受吃喝、懂得吃喝，他還必須能夠形成飲食的論述，而其論述，必須藉由寫作或其他形式表達。這成為美食家與其他美食愛好者的重要區別。

❶ 《慢食新世界》將 gastronome 翻譯為「美食學家」，p.69。

❷ Stephen Mennell, *All Manners of Food*, p. 267.

❸ Stephen Mennell, *All Manners of Food*, p. 267.

❹ "The gastronome is more than a gourmet – he is also a theorist and propagandist about culinary taste." Stephen Mennell, *All Manners of Food*, p. 267.

美食家誕生的舞台，是餐廳

美食家靠什麼維生？美食家是否需要具備論述能力？在回答以上大哉問前，有沒有人想過，美食家是怎麼誕生的？爲什麼社會上出現了這種人，本身不從事烹飪，卻是吃喝的專家，得以指點用餐大眾什麼是好品味？

我們還得探究「用餐大眾」是怎麼形成的。要知道，古代沒有餐廳的時候，鮮有人不是回家「吃自己」。於是，美食家作爲引領用餐大眾飲食品味的人士，其出場舞台必須存在時常外出吃飯的群眾。這也意味著，美食家的誕生與餐廳的誕生息息相關。

關於餐廳的誕生，食物歷史學家、社會學家往往指向十八世紀的巴黎。一個常見的說法是，法國大革命（一七八九年至一七九九年）致使貴族人頭落地，他們雇用的廚師流落街頭開起餐館；然而根據學者考究，餐廳的出現早於法國大革命。一七六五年，一位名叫布朗傑（Boulanger）的人因販賣號稱可以恢復體力（法文動詞爲restaurer）的精力湯（bouillon restaurant），遭熟食業者告上法院，他們主張布朗傑違反同業公會（guild）的競業規定，販售了唯有熟食業者才能販售的燉肉。法院最後判定熟食業者敗訴。一七七六年，法王路易十六廢止了同業公會制度。發現了嗎？法文中restaurant原先指稱的是一種食物（精力湯），後來才指涉販賣這種食物的場所，這就是餐廳（restaurant）一詞的起源。

餐廳在法國誕生的背景是這樣的：十八世紀末，同業公會被廢止，某種商家只能販售某些食物的限制被推翻，餐廳才能供應各種類型的菜色；法國大革命前，社會階級已開始崩解，已有貴族的家廚出來開餐廳；巴黎的皇家宮殿周邊形成現代商店街，提供新興的商業場域。

餐廳是怎麼發展成爲現代人習以爲常的，供人飲食與社交的公共場所？

雖然法國大革命並未促成餐廳的誕生，卻催化了餐廳的供給與需求。英國社會學家史蒂芬．門內爾在其著作《有關食物的一切禮儀》中提到，法國大革命時，從法國各省抵達巴黎的省代表外宿旅館，時常外食，自然而然光顧皇家宮殿周邊的餐廳；他們也將各省的家鄉菜帶到巴黎，成為餐廳菜餚的肥沃養分。更重要的是，作為新貴階級，他們讓上餐廳吃飯成為一種時尚，平民百姓亦步亦趨[1]。

十九世紀的英國作家亞伯拉罕．海沃德（Abraham Hayward）也曾如此推論：由於革命時期鎮壓豪奢，法國的愛國新富不敢讓財露白，與其自行鋪設豪華宴席，還不如在餐廳裡低調用餐。不過，門內爾認為這項論據不夠有力[2]。

門內爾還提到另一個餐廳在法國開枝散葉的原因[3]。法國大革命後的初代大廚，根據宮廷料理製作出非常華美精緻的餐點，這樣的烹飪費工又耗財，需要矜貴的食材與龐大的廚房團隊，除了富可敵國的人士，其他人根本難以在家複製；於是，對於餐廳的目標客人而言，上餐廳消費恐怕比在家宴客便宜許多。他更引述二十世紀法國作家保羅．阿隆（Jean-Paul Aron）的說法，十九世紀巴黎已發展出各種層級的餐廳，最有錢的人與最貧困的人都有地方可去，因此，不論是較有餘裕或較無餘裕的客人，都喜歡享受比家庭烹飪精緻一點的菜色。

英國文學巨擘詹森博士（Samuel Johnson）在十八世紀一段關於「為何酒館在英國廣受歡迎」的敘述，更精準指出餐廳作為一種社交的公共場所，其魅力何在：

「沒有任何私人宅邸能如酒館那般讓人愉快作樂。私人宴會即便再美好、再盛大、再優雅、再希望讓人放鬆，也永遠會存在謹慎與焦慮。宅邸的主人焦慮地娛樂客人，客人焦慮地迎合主人；沒有任何人，除了魯莽的狗兒，能夠自由地在別人的家裡頤指氣使，把別人家當自己家。相反地，在酒館，有一種遠離焦慮的自由。你永遠都被歡迎，你製造再多吵鬧、再多麻煩，只會回收更多更好的對待……不，先生，從沒有任何一處人們發明的地方，比得上一間好酒館或好客棧能帶來的快樂。」

不覺得「遠離焦慮的自由」貼切極了？

❶ Stephen Mennell, *All Manners of Food*, p.139.
❷ Stephen Mennell, *All Manners of Food*, p.139.
❸ Stephen Mennell, *All Manners of Food*, p.140.

用餐大眾與他們的公共意見

餐廳的誕生，雖然不是法國大革命促成的，革命本身卻也加速革命前即已出現、餐廳作爲新興商業場所的趨勢：同業公會被廢止，貴族廚房被關閉，廚師必須另謀生路。餐廳成爲烹飪行業的嶄新舞台，廚師可以大顯身手，廚藝因爲競爭而躍進；而當上餐廳吃飯的人們成爲用餐的大眾，關於美食的公眾輿論（public opinion）也就有存在的必要了。

在十八世紀末、十九世紀初的法國，餐廳是廚師的全新舞台。與革命前擔任貴族家廚相比，當廚師能夠自己做業主，他與餐廳顧客的關係，和他與貴族雇主的關係，呈現不一樣的權力平衡❶：業主廚師與餐廳顧客的關係較爲平等。史蒂芬．門內爾在《有關食物的一切禮儀》中提到，十七、十八世紀的食譜作者在序文中向貴族雇主諂媚與奉承的語氣，十九世紀初的廚師已經感到不可思議。

權力關係的翹翹板逐漸回正是因爲，廚師現在有了一條新的路徑，可以競逐烹飪職業的頂峰：與其迎合一小撮有錢的雇主，有企圖心的廚師可以光明正大爭取爲數更多的外出用餐者❷。這樣的轉變，類似作家、音樂家、藝術家在同一時期經歷的社會角色變遷。例如作家，過去贊助人對於作家有如出版商一樣不可或缺，十九世紀的作家卻幾乎能完全仰賴公眾的支持；音樂家亦同，門內爾比較海頓與貝多芬，認爲海頓不過是匈牙利門閥世家埃斯特哈齊（Eszterházy）的高級家臣，比海頓晚生四十年的貝多芬卻能憑一己之力在維也納闖出名堂。

門內爾於是如此論述：如同作家、音樂家、藝術家的社會角色，因爲文學與文化公眾的出現而轉變，菁英廚師的社會角色也因用餐大眾（culinary public）的誕生而產生變化；而如同十八世紀的沙龍，餐廳成爲社會勢力位移的徵兆❸。德國哲學家哈伯馬斯（Jürgen Habermas）提出的「公共領域」理論主張，文學與文化的意見論壇，是批判性的、政治性的中產階級公眾輿論得以獲得發展的前提，英國與法國的咖啡館、酒館、餐廳都扮演了催生那自主公共空間的重要角色。在此基礎上，門內爾認爲，烹飪行業發展出了自己的公眾，並且進一步爲接下來一百年因飲食工業化，廚師與客人間更不談情分、更市場導向的關係，鋪好了路。

當然，對於餐廳業主而言，他與上門來的客人的關係，仍然維持一定的私人性。客人與業主討論菜單、事先訂位，他們面對面的關係，乍看之下與廚師和貴族管家並無不同，但別忘記，餐廳業主服務的客戶可不只一位。而當出門用餐的大眾形成，這代表有關飲食品味的公共意見也形成了。藉由用餐大眾，一間餐廳可以如何建立名聲？透過口耳相傳，透過美食媒體，透過意見領袖的影響力❹。這三種管道，直到現在仍非常暢通。

❶ Stephen Mennell, *All Manners of Food*, p.141.
❷ Stephen Mennell, *All Manners of Food*, p.142.
❸ Stephen Mennell, *All Manners of Food*, p.142.
❹ Stephen Mennell, *All Manners of Food*, p.143.

美食家的社會角色

當餐廳與用餐大眾在十九世紀初的法國繁衍孳生，美食家與美食著述也逐漸興起。餐廳在一七九〇年代已是巴黎的時髦場景；法國第一代美食家葛立莫．德．拉．黑尼葉出版評鑑咖啡廳與餐館的《老饕年鑑》，是一八〇三年。

餐廳、用餐大眾、美食家是綁在一起的：餐廳醞釀出用餐大眾，用餐大眾討論美食、形成意見，而當餐廳與用餐大眾數量持續增長，可以推論，關於美食的探討，需要更可靠、更清晰的公共意見。英國社會學家史蒂芬．門內爾認為，這促使更開放、更正式的媒體出現，道聽途說的八卦消息已經不足夠；不可避免地，用餐大眾之中出現區別：書寫美食評論的意見領袖，以及閱讀美食評論的受眾[1]。

黑尼葉在《老饕年鑑》中紀錄他與評鑑成員針對餐廳與主廚的建議，門內爾挑出一例：黑尼葉建議一位餐廳老闆將火雞的烹飪方法從烤（roast）改爲燉（braise），老闆大驚失色，仍然遵從，依據葛立莫的說法，成果非常美妙。美食家常常如此沾沾自喜，認爲自己打開主廚的眼界、推進主廚的成長，然而，主廚研發與創新也往往受到同業競爭的驅使。不過，美食家的確起到一種作用，就是形塑品味（taste），而他們認同的品味，往往是朝著差異化、挑選與精緻的方向移動❷。

美食家定義了某種菁英的角色；他們往往展露關於飲食的專業知識。美食家鼓勵人們談論食物，唯有談論，才能針對廚師的工作成果認眞鑑賞，也唯有認眞鑑賞，才能賦予廚師與同儕競爭的動力，競爭是爲了攬客，而他們招手的對象，是了解情況的用餐大眾（informed public）❸。

另一種美食家試圖區辨菁英身分的行爲，是爲好品味設定鉅細彌遺的規則。例如，十九世紀末、二十世紀初法國最有影響力的專業導向飲食期刊《烹飪藝術》（*L'Art Culinaire*），其總編沙蒂永-普萊西斯（Châtillon-Plessis）就曾花篇幅討論每一道菜的正確順序，規定晚餐應以蔬菜料理做結，起司必須作爲晚餐與甜點之間的過場，最後是甜點，必須由糖果、糕點、冰品、水果構成❹。

然而，美食家不是只有菁英的面向；他們同時也具備民主化的角色。美食家藉由著述，拓展了精緻烹飪的市場。即便看似高高在上、咄咄逼人，美食家實際上也擴大了「吃得好」的受眾。這在社會關係更爲平等的現代更加明顯，美食家宣揚餐桌上的樂趣，鼓勵廚師與食客分享他們對於飲食的熱愛，而在這動態的過程中，美食論述本身也跟著進化了。

美食家具備區辨（distinction）與民主化（democratization）的雙重角色，這樣的理論，門內爾在一九八五年出版的著作《有關食物的一切禮儀》中即已論及。二〇一〇年，二位加拿大社會學家喬西．強斯頓（Josée Johnston）與塞恩．包曼（Shyon Baumann）在《饕客：美食地景中的民主與區辨》（*Foodies: Democracy and Distinction in the Gourmet Foodscape*）一書中，也用同樣的二元框架來分析吃貨這樣的人。隨著時代的更迭，美食愛好者或許從美食家演化爲吃貨，某些基本的設定卻是不變的。

❶ Stephen Mennell, *All Manners of Food*, p.272.

❷ Stephen Mennell, *All Manners of Food*, p.272.

❸ Stephen Mennell, *All Manners of Food*, p.273.

❹ Stephen Mennell, *All Manners of Food*, p.274.

第一代法國美食家
布西亞・薩瓦蘭

美食家是誰？是怎麼誕生的？此大哉問在前面的文章已經論述很多。只有理論不夠生動，接下來我要舉一個「活生生」的例子。

其實他不活生生，他已經作古很久了；他的美食家地位，也是在他死後才確立。正因如此才沒有爭議：美食家似乎是一種蓋棺論定的身分。他是世間公認的第一代法國美食家：布西亞・薩瓦蘭（一七五五－一八二六年）。

一個人要怎麼被認可為美食家？薩瓦蘭在世的十八世紀末、十九世紀初，他只做了一件事：寫一本書。他唯一的一本美食著作《味覺生理學》（*Physiologie du Goût*）（台版譯書：《美味的饗宴：法國美食家談吃》），一八二五年十二月出版至今，二百年來在美食書寫中具備不可動搖的地位。

《味覺生理學》開啓飲食理論與美食評論的先河，樹立此類美食寫作的典範。它不是食譜，不是廚師講解烹飪食材與步驟的記錄；也不是文學小說裡主人翁吃喝的描述。它就是談吃，談飲宴之樂，談人的味覺、食欲、消化，也談特色菜餚、煎炸理論，更談美食家、美食學、美食主義；有物理、化學、生物的科學成分，也有哲學、社會學、歷史學、經濟學的文化素養，讀來就是一位學識淵博的紳士，抒發其觀點，帶有批判性，含有價值判斷。當中許多篇章，即便以當代的眼光來看，也十分合宜，不退流行。

可以說薩瓦蘭建立了「美食學」的基本定義。《味覺生理學》的前言已道盡他對美食的看法：「在飲宴之樂成爲我關注的焦點後，我便發現這個主題可以延伸的部分絕不僅止於一本食譜。我甚至認爲，它完全可以成爲一門獨立的學科，尤其是從對人們的健康、幸福和日常生活的種種影響來看，它都是如此重要而值得關注。」❶在「美食學」的專章中，薩瓦蘭進一步闡述，「美食學是對人類營養問題的理性闡釋」，包括自然史、物理學、化學、烹飪、商業、政治經濟學等等內容❷，「爲我們指出各類食物在什麼狀態下是最美味的」，了解美食學的常識則可以讓「人們在餐桌旁既可以保持個體的享樂狀態，又可以在一定程度上管理社交情況，甚至可能得到某些機會指引。」

這是一位美食愛好者，愛吃愛飲了一輩子後，於人生終點前回顧美食之於自己的意義時，發自肺腑之言。他希望美食是有分量的，他也認為美食對於自己的一生是有分量的。薩瓦蘭在人生最後一年才動筆創作此書，死前二個月才出版。

談到「美食家」，薩瓦蘭認為，「與生俱來就擁有感受和品味味覺刺激的能力」❸的人是天生的美食家，並且主張有的人成為美食家「與他們從事的工作有密切的關係」，他舉出四種美食家的職業：金融家、醫生、文學家、宗教信徒❹，和現代相比，雖不完全中，亦不遠矣。

薩瓦蘭出身上流社會，父親是國王的檢察官兼領主，他本身也是法學家、政治家、音樂家，曾經當選國會議員、市長，卻因為法國大革命的經歷而流亡瑞士、荷蘭、美國，一七九六年獲准返回法國後，擔任法官直到離世。他與另一位法國同儕、創辦《老饕年鑑》的葛立莫·德·拉·黑尼葉，被學界認為是美食家的原型，然而相較於《老饕年鑑》已絕版，其中刊載的店家也亡佚，《味覺生理學》始終經典不滅。畢竟，薩瓦蘭是這句至理名言的出處：「告訴我你吃什麼，我就知道你是什麼樣的人。」

❶ 布西亞．薩瓦蘭，《美味的饗宴：法國美食家談吃》p.8。
❷ 布西亞．薩瓦蘭，《美味的饗宴：法國美食家談吃》pp.55-56。
❸ 布西亞．薩瓦蘭，《美味的饗宴：法國美食家談吃》p.132。
❹ 布西亞．薩瓦蘭，《美味的饗宴：法國美食家談吃》p.136。

法國第一代餐廳評論人
葛立莫・德・拉・黑尼葉

美食家的原型，除了先前介紹過的布西亞・薩瓦蘭，另一位與薩瓦蘭同時代的法國先驅是葛立莫・德・拉・黑尼葉（一七五八－一八三八年），他創辦的《老饕年鑑》堪稱餐飲評鑑的濫觴，早於《米其林指南》將近百年；黑尼葉與薩瓦蘭也被公認創建了美食書寫、美食論述的典範，英國社會學家史蒂芬・門內爾就認為：「幾乎所有後世的美食書寫都能循線連回這二位作者的其中一位。」❶

《老饕年鑑》的發行年代是一八〇三年至一八一二年，一年一期，扣除沒有發行的一八〇九年、一八一一年，一共八期。這是一本怎樣的著作？可以說，它是餐飲情報誌、美食指南與食材食譜的綜合體。高雄餐旅大學副教授蔡倩玟在其著作《食藝》中，提到她所擁有的《老饕年鑑》第八期，「內容有當季食材及料理方法、餐飲業現況、歷史軼聞、餐廳食品店推薦、讀者來函、飲食新知，甚至還有一首獻給名廚的飲食詩等」❷，這樣的體裁，已經十分接近現代意義的美食雜誌（想想美國的《Gourmet》或日本的《dancyu》）。

更重要的是，黑尼葉創立了「美食評鑑委員會」，由一群美食專家組成，定期品評、討論菜色作法或店家寄來的試吃品，審核結果發表於下一期的《老饕年鑑》。根據《法國美食精髓》（*Histoire de la cuisine et des cuisiniers: Techniques culinaires et pratiques de table, en France, du Moyen-Age a nos jours*）一書，美食評鑑委員會每週二開會，有時在黑尼葉的家中，有時則在「擁有大型餐桌的餐館」中舉辦；許多巴黎的飲食職人渴望美食評鑑委員會與《老饕年鑑》的青睞，餐館主廚、熟食店師傅、甜點師、糕餅師、熟肉店師傅等等，會預付郵資將自己的新作寄到黑尼葉位於香榭麗舍大道的家中以供鑑賞；如果品評結果為優良，這道菜就有資格「躋身美食殿堂」，委員會將其重新命名以襯托出其特色。「這個評鑑攸關一個廚師的名號是否能就此登入美食國度的名冊，簡直等於頒發出生證明或施予洗禮。」❸《法國美食精髓》如此形容美食評鑑委員會與《老饕年鑑》的重要性。

黑尼葉爲什麼想創辦這樣一本餐飲期刊？

和薩瓦蘭類似，黑尼葉也出身富裕，誕生於巴黎的包稅世家，父母時常在豪宅舉辦餐宴，或許養成了黑尼葉對於美食的品味。他天生患有殘疾，擁有律師資格卻成爲一名記者，思想激進，反對他出身的上流社會，因爲發表誹謗文章並抨擊司法部門，被國王親自批准將他軟禁於洛林的修道院；法國大革命期間，他隱居在里昂，直到恐怖統治結束後才返回巴黎。這時，他觀察到餐館正蓬勃發展，又看不慣當時中產階級的消費品味，於是起心動念，創辦一本介紹和品評餐廳、咖啡館的期刊。黑尼葉應該覺得這是一件既酷又叛逆的事情吧。

《老饕年鑑》因爲內容轉而攻擊餐飲業者的私生活吃上誹謗官司，最終於一八一二年停刊。時至今日，《老饕年鑑》已不再流通發行，和薩瓦蘭的《味覺生理學》走上完全不同的命運。即便黑尼葉創建了餐飲評鑑的形式與範例，其評鑑的內容卻耐不住時間的考驗——只要不再更新，餐飲店家都亡佚了。於是，美食書寫該如何建立跨越時空的影響力，也是寫作者、論述者可以放在心上的一個問題。

❶ Stephen Mennell, *All Manners of Food*, p.267.

❷ 蔡倩玟，《食藝：法國飲食文化的風貌與流變》p.23。

❸ 尚－皮耶．普蘭（Jean-Pierre Poulain）、艾德蒙．納寧克（Edmond Neirinck），《法國美食精髓：藍帶美食與米其林榮耀的源流》p.94。

美食旅遊的先行者，法國美食家庫農斯基

他撰寫超過六十五本書、無數的報章專欄；他全法國跑透透，出版了二十八冊《法國美食錄》（*La France gastronomique: Guide des merveilles culinaires et des bonnes auberges françaises*）；他曾經盲飲猜對十二支香檳的廠牌與年分；他曾經讓八十間餐廳每晚保留他最愛的座位，只為等候他大駕光臨。

他是二十世紀法國最重要的美食家，莫里斯．埃德蒙．薩爾蘭德（Maurice Edmond Sailland，一八七二－一九五六年），以筆名庫農斯基（Curnonsky）廣為人知。

如果照著米其林小紅書開車吃美食，曾經在法國蔚為風尚，庫農斯基絕對有

推波助瀾。庫農斯基的一大成就是，在一次大戰後汽車開始普及的年代，將美食與旅遊成功配對，喚起大眾對法國地方美食的濃厚興趣❶。

庫農斯基出身自法國西部的昂傑（Anger），十八歲時搬到巴黎，準備升學並成爲記者。他靠搖筆桿維生，當過影子寫手，寫過小說，執筆許多專欄；其中，他受米其林委託，撰寫一九〇七年起在《巴黎日報》（*Le Journal*）刊登的每週專欄，原本署名「米其林」（Michelin），一九〇八年後改署名「必比登」（Bibendum），而被認爲是米其林輪胎人被命名爲必比登的起源。其實，米其林輪胎人是何時被冠名必比登的，並不明確，後人卻多歸因給庫農斯基，畢竟那是最確定的白紙黑字了。

「Curnonsky」這筆名是什麼意思呢？當他仍是小莫里斯的時候，父母反對他走入文學一行，他大喊「Cur non?」，意思是拉丁文的「爲什麼不？」，之後他開始稱呼自己Curnon；日後，在一場晚宴上，他慶賀法國與俄國沙皇結盟，一位俄國將軍因此爲他冠上俄文「sky」的字尾，從此他就變成Curnonsky了。

庫農斯基將寫作能量貢獻給美食，他好吃嗜吃，爲了解饞跑遍法國各省。一九二一年起，他與作家好友馬歇爾．魯夫（Marcel Rouff）一起出版《法國美食錄》，至一九二八年為止共出版二十八冊，以一年三冊至五冊的速度累積，一冊是一個地區，涵蓋諾曼第、布列塔尼、佩里哥、里昂、普羅旺斯、布根地、波爾多、巴黎等等美食美酒重鎮，腳程驚人，食欲旺盛。《法國美食錄》也被認為是美食旅遊指南的先驅，因此興起的上路尋美食風潮，也裨益了米其林。

豐富的飲食經驗，權威的評論地位，也讓庫農斯基戴上「美食家王子」（Prince des gastronomes）的桂冠。這是經過民主投票的：一九二七年，《好餐桌與好氣氛》（*La Bonne Table et Bon Gîte*）雜誌號召三千三百三十八位主廚、餐廳老闆、美食家票選「美食家王子」，庫農斯基脫穎而出。

二次大戰結束後的隔年，美國家喻戶曉的《生活》（*Life*）雜誌在一九四六年十二月九日發行的當期雜誌，做了「美食」（Gastronomy）一題，特別訪問了庫農斯基。訪談中，他將法國美食（cuisine）分為四種類型：「一種是經典的美食，需要才華洋溢的廚師，且是為國王、外交官、富豪所準備，十分複雜與昂貴；另一種是布爾喬亞美食（cuisine bourgeois），我們在家或拜訪農場、勞工的家時會品嘗，菜色由太太或女傭準備，營養的需求轉換成餐桌上的愉悅；接著是地方烹飪，可以在街邊的旅館裡品嘗，法國每一省都有，就像當地的藝術或建築，能夠表現地方特色；最後是在荒野裡發生的簡陋烹飪，當你釣到鱒魚或捕獲野兔，這種美食往往不是最糟的。」

據此可以發現，庫農斯基崇尚簡單的味道，他留下的名言金句也可佐證。好比：「烹飪，如同所有藝術，簡單是完美的徵兆。」、「精緻的烹飪是當食材經過調理呈現原本的味道。」

在同一則《生活》雜誌的訪談中，庫農斯基對法國美食充滿信心，即便經歷戰亂與窘迫，他仍然堅定預言「美食的未來一片光明」，「美食永遠不死，只要法國擁有最好的廚師、超過四百種起司、三萬八千種菜餚和世界上最輝煌的酒。」

庫農斯基預言成功了呢。

❶ Stephen Mennel, *All Manners of Food*, p.276.

舌尖上的末代貴族——中國美食家江太史（上）

二〇一八年，我有幸至香港富商余錦基的私人會所「軟庫飯堂」吃過一餐，嘗到了太史五蛇羹、七彩炒肚尖、香煎琵琶官燕盞等等，血統高貴的「太史菜」。

太史，中國歷朝的翰林學士，自古不能勝數，但若提及太史菜，則僅此一人：江太史。本名江孔殷（一八六四－一九五二年），晚清最後一屆科舉進士，亦是著名食家，對於飲食要求之刁鑽、手筆之闊綽，令他享有「百粵美食第一人」的名聲。

貴公子愛吃有什麼稀奇？稀奇就在於，江太史愛吃成了傳奇，原不再現的觥籌交錯，成為傳頌的歷史。太史菜，是有血緣脈絡的：軟庫飯堂的大廚周渭德，是江太史最後一位家廚李才的徒弟，李才曾執掌恒生銀行宴會廳「博愛堂」，培養出李成、李昱霖、黎有甜三位弟子，黎有甜在上環開設「桃花源小廚」（已歇業）曾獲米其林二星，李昱霖與弟子仇健恩執掌中環「國金軒」，都把太史菜的香火延續至現代餐飲場景。

再談傳承，江太史的孫女江獻珠，也是粵菜名家，幼時在江家開過眼界，四十歲後入廚，憑記憶與苦工重現太史菜，亦鑽研其他菜式與點心，二〇一四年逝世前，都不斷教菜著述，貢獻卓越。江獻珠教過許多學生，首位入門弟子，則是人稱「大師姐」的麥麗敏，在香港食界地位崇高。

現世有人，香火未滅，談太史菜，必須從當代談回古早。也正因爲，當代人有幸嘗得美味，即便不可知還原程度有多高，其精細做工與珍稀供應，更讓人嚮往江太史的飲食境界。

口口聲聲太史菜，其實，太史是不做菜的。

江太史出身廣東南海，父親江清泉是人稱「江百萬」的大茶葉商，家境富裕。作爲遜清翰林，江太史曾是廣州重要政治人物，辛亥革命後，因「不事二朝」，改爲經商，擔任英美菸草公司總代理，收入豐厚。其廣州大宅被稱爲

「太史第」，飲宴不斷，達官顯要川流不息，他操練家廚做出的菜式，造就了風靡多時的太史菜。

對於吃的追求，甚至溯源至種植。江太史在廣東番禺縣的蘿岡洞開設「江蘭齋」農場，出產梅子、李子、橄欖、荔枝、芒果、柳橙等等果物，也作為江家的度假樂園。江獻珠在《蘭齋舊事與南海十三郎》一書中回憶：「江家人夏天結隊去農場吃霧水荔枝，新年後月夜連袂嘗梅，我們今日依然津津樂道。」江獻珠所著《蘭齋舊事與南海十三郎》初版在一九九八年問世，全書分二部分，「南海十三郎」就是江太史之子、粵劇編曲名家江譽鏐，亦為江獻珠鍾愛的十三叔；「蘭齋舊事」則記述太史第舊時生活與飲食景況，是現時有關太史菜的重要文獻。

一九二〇年代是江家最好的時光，太史新菜是搶手流行，酒家紛紛模仿；後來，江家下一代不擅經營，丟失英美菸草公司的代理權，經營蘭齋農場又耗費鉅資，家道中落，至中日戰爭時，舉家避難香港，已無閒錢飲宴。戰後返回廣州，一九五一年江太史在廣州六榕寺失足跌倒，右腿斷骨不癒，跛了一腳，同年廣東土改，南海農民追討「土豪」，強行用竹籮把他抬回鄉里，進行批鬥，他不堪受辱，一度絕食，最後在一九五二年離世。

一代美食家因絕食而亡，天大卑屈。

舌尖上的末代貴族——中國美食家江太史（下）

時常覺得，美食家似乎愈古愈有風範，舊時飲食場景，現代殊難想像。那當然是因爲生活型態改變了，以前樣樣自己來，場面盛大；現代餐飲專業發達，就算聘家廚幫傭，也未必需要自家精雕細琢了。

享「百粵美食第一人」美譽，十九世紀末、二十世紀初的中國美食家江太史，由其飲宴而生的「太史菜」，就是歷史的遺跡，風味的古董。

那滋味自然是只保存在文字著述裡了。太史菜固然有傳人，但非普遍菜式，也限於特定餐廳、私廚、家宴（香港的國金軒、軟庫飯堂，或者「大師姐」麥麗敏的家……），一般人很難藉由品嘗得其眞味。眞味可得嗎？往文獻裡去找，用腦袋想像，是不得不的辦法。

有關太史菜，重要的參考資料，當屬江太史的孫女江獻珠回憶兒時所著之《蘭齋舊事與南海十三郎》，以及她重新修訂香港另一知名食家「特級校對」陳夢因的重量級著作《食經》、添上食譜而成的《傳統粵菜精華錄》。

太史菜，百年前的廣州大酒家仿而效之，其中最經典的一道，是「太史蛇羹」。在江家，「蛇季」是大件事，江太史大擺蛇宴，從入秋熱鬧到農曆年底。江獻珠在《蘭齋舊事與南海十三郎》中說明，太史蛇宴以蛇羹爲主，首先上四熱葷，其中一定有「雞子鍋炸」，然因小孩不能登大檯，她始終不知蛇宴完整菜色，但記得清楚，蛇羹後的壓席大菜是果子貍，「用雙冬火腩同炆，但一定要加陳皮及香蒜子以辟腥味。」

關鍵的太史蛇羹，江獻珠提及「湯水固然重要，切工更非尋常。」以蛇爲主，加上「雞肉、乾鮑魚、廣肚、木耳、生薑及陳皮等，必定要切細且均匀」；佐料也講究，「檸檬葉最顯刀工，要切得幼若青絲」，炸薄脆乃師傅反覆擀薄麵皮現炸而成，菊花更是江家蘭齋農場自栽。至於湯水，江獻珠曾求證江家最後一任家廚李才之姪、得到太史蛇羹嫡傳的李煜霖，才知道，蛇湯與上湯要分別烹製，「蛇湯加入遠年陳皮及竹蔗同熬，湯渣盡棄不要，再調入以火腿、老雞及精肉同製之頂湯作湯底」，「看似清淡而味極香濃」。

另一道太史名菜，則是「太史戈渣」，等同前述「雞子鍋炸」，江獻珠在《傳統粵菜精華錄》中猜測，廣東話「鍋炸」與「戈渣」同音，久而久之約定成俗；其實，也近似台灣的「糕渣」，都是一口炸的湯。太史戈渣有何稀奇？是以頂上湯、粟粉、雞蛋、蛋黃、豬油拌成的膏糊，沾上粟粉油炸而成，原本有雞子，江太史受戒後則除去之。江獻珠提點製作祕訣，「上湯的質素是關鍵」，以老雞、火腿、精肉熬成，「務求色清而味濃」；澱粉的用量拿捏要小心，太多則過稠，太少則入熱油散開；戈渣不能預先上粉，也不能分批油炸，一次下鍋全部，不可翻動，直到戈渣浮至油面、色成金黃，「稍瀝油即供食，遲則戈渣變軟，酥脆全失。」

二戰時江家避難香港，已家道中落，江太史仍天天吃一碗「太史菜茸」，即便湯底只是用豬骨頭、瘦肉、少許火腿熬製，也仍有講究：「冬天用菠菜，夏天用莧菜，偶會用冬瓜，其他的菜蔬，菜葉不夠滑。」並且不能剁，必須切細，「若剁了，菜變成粉狀，不合祖父意。」

從刁鑽選材、餘裕費工，到粗料細做、儉吃有味，一代美食家的風華，令人遙想。

香港食評第一人——陳夢因

陳夢因（一九一〇－一九九七年）是香港食評第一人。所謂「第一」，不僅是地位上的權威性質，也有時間上的領先意義。

陳夢因開創香港報紙飲食專欄之先河。他是中國第一代新聞記者，擅長戰地採訪，年輕時任職於《大公報》、《大光報》、《先報》，一九三三年加入香港星島報系，一九五〇年出任《星島日報》總編輯。《星島日報》當時的娛樂版，以「衣、食、住、行」爲主軸，卻獨欠飲食寫手，總編輯便自告奮勇，以「特級校對」爲筆名，開設了名爲「食經」的飲食專欄，每日連載，原僅是玩票寫寫，竟養出讀者熱忱，六個月後便集結成書，成爲第一集《食經》。《食經》後來出了十集，成爲香港重要的飲食鉅作，也奠定陳夢因美食評論家的權威地位。一九六二年陳夢因自《星島日報》退休，後移居美國加州舊金山灣區，持續鑽研飲食之道，以燒菜宴客爲樂，亦持續書寫飲食，《講食集》、《粵菜溯源錄》、《鼎鼐雜碎》等三本著作，就是這個時期的作品。

爲什麼陳夢因寫吃的筆名叫做「特級校對」呢？當時他明明已是總編輯，遠遠不是校對，卻又在校對之前冠上「特級」二字。據陳夢因的好友、文學教授柳存仁所述，陳夢因說過，當年報社言論若惹來官非，編輯是要吃牢飯的，校對卻因職責小，絕對不會坐牢。他身爲總編輯，夜夜看稿，姑且幽自己一默。

特級校對是號人物，《食經》是本經典。其實不只一本，十集《食經》內容壯盛，原輯雖已亡佚，所幸香港商務印書館近年來重新出版，將十集內容拆爲上下二卷，精裝硬殼，更顯分量。如今閱讀這些七十年前的文字，物換星移歷歷在目，例如講到廣東菜，陳夢因斷言「香港不及廣州」，他下筆時的香港自然不是如今國際食壇的粵菜代表；又例如講到魚翅如何費工，仍說「單是柴火也要燒幾十斤」，瓦斯爐還在未來哪。

也因是報紙每日連載，《食經》的內容，單篇觀之不免東拉西扯，天南地北，整體觀之，則確記述、分析、評論了粵菜之精髓與奧義，大宴小酌兼備，餐館家常皆有。名貴的鮑、參、翅、肚，開頭就論及了，卻也不乏蒸肉餅、肉絲炒伊麵、客家釀豆腐一類的日常吃食。有意思的是，陳夢因講食，還眞的只講「經」，只說道理給你聽，固然有烹飪方法與原理，譬如講述炒芥蘭，「芥蘭比其他菜蔬多澀味，用薑或薑汁和酒灑進炒鑊，作用是使芥蘭增加鑊氣，用糖在於辟去芥藍的澀味」，然而多少薑汁、多少酒、多少糖，他一概不提。

《食經》由誰來實踐？

陳夢因之次子與次媳，陳紀臨與方曉嵐，便成了偶然的實踐者。根據香港飲食作家謝嫣薇所述，陳紀臨夫婦在美國與陳夢因住得最近，陳夢因每週在家宴客，便操練兒子與媳婦，間接把他們訓練成爲大廚。陳紀臨與方曉嵐，退休後也成爲食譜名家，以「陳家廚坊」爲名著述多本食譜，甚至應歐洲知名出版商Phaidon之邀，於二〇一六年出版了英文的中國菜代表著作《China: The Cookbook》。

另一個實踐者，好巧不巧，則是江太史的孫女，江獻珠女士。有關江獻珠與陳夢因的故事，下回續說。

美食家是這樣煉成的——江獻珠（上）

美食家的後代，也是美食家嗎？

江太史，人稱「百粵美食第一人」；江獻珠，人稱「舌尖上的貴族」。他們是祖父與孫女，也都是名留青史的美食家。雖說血脈嫡傳，江獻珠幼年仍爲江家盛世所育，親身經歷過江太史飲宴的風華與吃食的刁鑽，她日後研究廚藝，開闢粵菜名家一席之地，則全憑一己之力。

江獻珠，是當代人回溯老粵菜的隧道入口。一方面她是江家後代，家學淵源併同味覺記憶，使她有能力復刻「太史菜」；二方面她又拜師於香港食評第一人、筆名「特級校對」的陳夢因，接受陳夢因貼身教誨長達二十三年，理論與實務皆堅強。人們研究江太史，要透過江獻珠；人們爬梳陳夢因，要透過江獻珠。和二大宗師的特殊交集，使江獻珠註定不凡，她孜孜不倦，做菜著述不斷，更造就其自身的宗師地位。

有意思的是，即便江獻珠血統好、天資高，她眞正埋頭入廚，也是四十歲後的事了❶。

一九二六年，江獻珠出生於香港，其父江譽題在江太史十七名子女中排行第九。江家其時暫居香港，後遷回廣州，江獻珠曾在著名的「太史第」生活過一段時間，不到十歲時，因擅背誦古文，常在祖父宴席上表演娛賓，因此得以品嘗宴席珍饈，或啓蒙了她敏銳的味覺。

四十歲以前，江獻珠度過動盪顚沛的前半生，中日戰爭、國共內戰，大時代迫使她遷徙掙扎。她就讀中山大學時走入第一段婚姻，學業因此中斷，曾與當時的丈夫林淬錚避居澳門，後爲維生，前往香港，進入私立崇基學院擔任會計組文員，並且在校免費進修，花費八年取得工商管理的大學文憑。

也就在崇基學院，她與後來的第二任丈夫陳天機重逢，二人墜入情網。當時陳天機在美國IBM公司任職，江獻珠後追隨之，一九六三年移民美國，和已定居美國的母親與哥哥相聚，並進入費利·狄更遜（Fairleigh Dinckinson）大學攻讀工商管理碩士。與林淬錚辦妥離婚後，一九六七年，江獻珠與陳天機在拉斯維加斯舉行了簡單的婚禮。

在此之前，江獻珠廚藝平平，和陳天機結婚後，才眞正鑽入飲食之道。在美國生活，想吃道地中菜，只得捲起袖子自己煮，陳天機又喜歡在家請朋友吃飯，曾打趣說自己被「逼上梁山」的江獻珠，因此燒菜燒出興趣。這段時間，江獻珠做菜都是自學，一九六〇年代末、一九七〇年代初，粵菜食譜尚少，而她最看重的「課本」就是特級校對所著《食經》。後來，江獻珠的母親患上肺癌，照料親母的最後時光，江獻珠也試著重現「太史菜」，如太史戈渣、太史菜茸。

母親逝世後，江獻珠學廚決心更加堅定，一九七三年她隻身返港，目的是學習點心——她去以午市茶點聞名的「金冠酒樓」當了一個夏天的「黑市」學徒，還從香港帶回發酵用的「麵種」返美繼續研究；麵種不愼死去，她又學習西方的酸種麵包，交叉參考實驗，後來竟在家賣起叉燒包，賣了三個月、一千多個，只爲把食譜寫好。

江獻珠也開始烹飪班生涯，除了在家教學，也去聖荷西加州州立大學講授

「烹飪計畫——中國菜」，並在臥龍里學院（Ohlone College）教起中國烹飪。

一九七四年，為了紀念亡母，江獻珠發起「到會義煮」（外燴服務），為美國癌症協會募款。也就在其中一場到會家宴上，江獻珠邂逅了她的「啞老師」——特級校對！一段牽動粵菜食壇的師徒情緣就此展開。

❶本文中江獻珠的生平參考自《珠璣情緣——舌尖上的貴族江獻珠與幸運的書獃子》，陳天機，天地圖書，二〇一九年十月。

美食家是這樣煉成的——江獻珠（下）

一九六〇年代末，江獻珠和先生陳天機移居美國加州後，始潛心入廚，起初她愛不釋手的自學教材，就是筆名「特級校對」的知名食家陳夢因先生所著《食經》。

在二〇〇一年由萬里機構出版的《粵菜文化溯源系列》套書中，江獻珠寫有〈特級校對與我〉一文，詳細交代了她與陳夢因的師徒緣分。原來，她是從舊金山唐人街的舊書攤購得幾冊殘破的《食經》，跟著書中敘述練菜，「如是數年，燒菜大有進步，而且興趣甚濃」，《食經》作者儼然成了她的「啞老師」，她卻不知這位特級校對是何許人也（當年可不能Google！）。

後來，江獻珠的母親因肺癌辭世，她便加入美國癌症協會的義工行列，起初協助追蹤研究，後在家開班，義務教授中國傳統烹飪，進而發起到府外燴（江稱「到會義煮」）募款，同時精進廚藝。在其中一場外燴宴席上，她認識「一位聲如洪鐘、雙目炯炯有神的老者」，原來就是她心儀許久的特級校對！恰巧她與陳家住得近，時時登門向陳夢因討教，「多年的啞老師便成了我的活老師」。

當時，陳夢因認為江獻珠既然出門設宴，就要做大菜，鼓勵她操練太史菜與廣州四大酒家的代表菜，如太史戈渣、江南百花雞、紅燒大裙翅、鼎湖上素等等，四熱葷、湯、四大菜、甜品、點心的菜單規格，高檔困難。江獻珠一一練習，陳夢因從旁指導，經過數月苦修，終於可以上陣，開價每位一百美元，賣出四場，募款計畫於焉圓滿落幕。

後來，二人切磋廚藝長達二十餘年，直至陳夢因於一九九七年因癌逝世。江獻珠說陳夢因時常拿食材考她，例如生長在四川高山頂上的「雪山魔芋」，江獻珠用上湯煨再與窩麻鮑汁同燴；魚子醬能不能做戈渣，江獻珠親身實驗，告訴陳夢因魚子會爆開，不能。

現在回頭看，這真是一段鑄成歷史的奇緣。食評名家第一人，指導名門食家之後，二人都已成粵菜食壇的宗師級人物，而若無這段跨越輩分的交誼，陳夢因的《食經》難以流傳至今，江獻珠的廚藝難以屢創新局，她祖父的太史菜，也難於現世再現並後傳了。

再從後設的觀點來看，二人是極好的搭配。陳夢因寫食講吃，雖有來龍去脈作法因由，卻不言名火候與分量，也不親自示範，不寫食譜；江獻珠卻是捲袖動手之人，是實踐者，豐富著述也多是食譜。可以說，陳夢因的理論透過江獻珠來實踐，江獻珠也從中磨練技藝、精進功力；後陳夢因也鼓勵江獻珠提筆寫作，由專欄始，及至著作等身，都成爲重要的美食論述。飲食做爲無法再現的物質，也因此成爲文化資產，綿延傳頌。

早在一九八三年，江獻珠與先生陳天機、好友張蘊禮在美國共同著作了《漢饌》（*Everything You Want to Know about Chinese Cooking*）一書，是江獻珠在美國教學烹飪的食譜集大成；其中文著作則有將近四十冊，自一九九二年起至二〇一四年止，都由香港萬里機構出版。本文開頭所提《粵菜文化溯源系列》，則是她重新梳理《食經》、新增食譜的承先啓後之作。

二〇一四年七月二十一日，江獻珠因肺炎逝世，享年八十八歲。她最知名的弟子與傳人，是現時仍活躍於香港食壇的「大師姐」麥麗敏。

美食家的評價是後人給予的。江獻珠在世時或無此意圖，卻修煉成家，波瀾起伏的人生自此爲美食所定義。

美食不耐久，美食論述可以

弗蘭．利波維茲（Fran Lebowitz）是美國的幽默作家，作品不多，卻暢行藝文圈，與之相交者不乏大明星、大導演、大總編，其中一位是奧斯卡名導馬丁．史柯西斯（Martin Scorsese）。史柯西斯以利波維茲爲主角拍了二部紀錄片，較新的這部《假裝我們在城市》（Pretend It's A City），在Netflix上架，內容爲史科西斯或其他名人與利波維茲對談，鋪陳有關紐約與都會生活的種種議題，利波維茲的聰明機智與鋒利口才展露無遺，圈粉無數，也包括我。

在有關「文化事務」的討論中，美國導演製片人與演員史派克．李（Spike Lee）問利波維茲：「你認爲優秀的運動員可以和優秀的藝術家相提並論嗎？」利波維茲答：「我認爲優秀的運動員可以和優秀的舞者相提並論，但不能和優秀的作家相提並論。」史派克・李不同意，他認爲麥可・喬登和法蘭克・辛納屈、米開朗基羅、貝西伯爵、艾靈頓公爵具備同等地位，在某個領域最高水準的人，將一起躋身萬神殿；利波維茲卻妙回，在麥可・喬登死後四十年，你不會像聆聽艾靈頓公爵的專輯一樣觀賞麥可・喬登的籃球比賽。

利波維茲的論點是，音樂作品永流傳，你永遠可以擁有艾靈頓公爵，一張專輯的意義不僅僅在於黑膠唱片實體的存在，還在於其記錄了音樂家的作品，這個作品是一樣的；觀賞運動賽事卻不同，當麥可・喬登不再打球，你就沒有比賽可看，你也欠缺回顧他過往比賽的動機，因爲你已經知道比賽結果。

我差點對著電視螢幕舉手發問：「請問利波維茲女士，優秀的廚師能否和優秀的藝術家相提並論呢？」

這一題隱含的問號是，廚師做出的料理是否爲一種作品？

對照上述有關音樂與運動的辯論，或有人翻翻白眼，以膝蓋代替大腦回答：食物吃下肚就沒了，怎麼能成爲一種實際存在的作品？話再講深一層，食物在物理上的短暫性與不可再現性，如何能被人反覆鑑賞？❶

若是如此，這世上將沒有美食家、美食評論家、美食作家存在的餘地，也沒有與飲食相關的著述、報導、評鑑存在的必要。然而這有違事實，我們知道這世上有大量有關美食的「作品」散播著，無論是食譜、小說、論文、電影，或是在自媒體當道的此刻，充滿龐雜的貼文、美圖、短片、限時動態。

我要說的，是「美食論述」（culinary discourse）。美食難以永流傳，而美食論述可以。這也是我爬梳美食家的淵源與脈絡的下一步，我們必須談談美食論述。我們已經談過餐廳是美食家誕生的舞台，上餐廳吃飯的人們形成用餐大眾，催生出有關美食的公眾輿論，進一步促成美食家作為意見領袖的崛起。這條脈絡，是由私密走向公共的過程，美食論述也是一個關鍵：讓美食由不耐久的、個人的體驗轉為可傳述的、公共的評論對象。

如果料理無法成為作品，美食論述總可以是。

❶ 食物能否等同藝術作品被鑑賞？這方面的辯論，也可參考本書一五六頁休姆與康德在美學論上的見解。食物在十八世紀曾經被排除在美的鑑賞客體之外！

吃的不同層級

法國美食家布西亞．薩瓦蘭曾說：「動物餵飽自己，人類吃飯，唯有智者懂得如何吃。」

「吃」這件事，儼然有級別之分。動物進食之於人類用餐；囫圇吞棗之於細嚼慢嘗；填飽肚腹之於把酒言歡。我們直覺知道這些兩兩對比有所不同，可以想像生理的需求與社交的功能、文化的展現位於不同層次。然而，究竟怎麼說清楚那些不同？

美國社會學家普里西拉．帕克赫斯特．弗格森（Priscilla Parkhurst Ferguson）提供了很好的分析架構。在《解析品味：法國美食的勝利》（*Accounting for Taste: The Triumph of French Cuisine*）一書中，她爬梳法國料理臻至崇高地位的因果，進行學術上的嚴謹論述，爲了這麼做，她必須說文解字❶：食物（food）、烹飪（cooking）、美食（gastronomy）、料理（cuisine），這些和「吃」相關的詞彙，如何區辨其含義？

「食物」意指人類爲了解決存活的生理需求而食用的物質，亦即，我們爲了活下去而吃的東西；「烹飪」啓動食物的轉化過程，將食物變成可以被吃下肚的狀態；而若烹飪主要涉及製作一道菜的人，「美食」則指向有教養的食客（sophisticated diner），亦即布西亞·薩瓦蘭所謂「懂得如何吃」的「智者」；「料理」則融會製作者與品嘗者、廚子與食客，意指一種文化建構，得以制度化飲食上的實踐，讓自然養成的飲食舉止成爲穩定的文化規範❷。

「料理」（cuisine）是弗格森的研究基礎。她援引李維史陀的名言：「食物是很適合拿來思考的。」（food is good to think with.），爲了進行這樣的思考，必須有一個附著的形式，對李維史陀（Claude Lévi-Strauss）而言，那形式是「神話」；對弗格森而言，那形式是「料理」。爲了探究法國的美食力，她從法國料理下手，而「料理」是一種「將食物帶進社會秩序的規範」，「如同用餐使吃飯社會化，料理則使烹飪形式化，重新配置原先私密的進餐行爲。」❸

從食物到料理，「吃」被賦予了更多生理性、物質性以外的意義。吃不僅僅能填飽肚子，還能進行美學賞析、智識討論，並提供一整套文化規範，供一個社會思考他們吃的是什麼。當然，依據弗格森的說法，這些抽象的討論發生在「料理」的層級，也是美食論述的基礎。

由於美食的不可再現性，有關美食的討論與研究，多半必須回歸文本，例如食譜、菜單、詩集、小說、散文集、電視電影等等。而美食的不可再現性，若和「藝術」掛鉤，又是一言難盡、無分對錯的議題。上一篇文章，我說「美食不耐久，美食論述可以」，文中約略提到廚師製作的料理是否能作爲藝術，有讀者認爲，如果採否定見解，那麼對於藝術的理解「太唯物」，如果廚師能創造出一個「世界」，讓人們自由評論，那也是一種藝術的表現。亦即，廚師創作出的「作品」如果被認爲是「藝術」，未必僅局限於一道道菜餚。

我的看法是，廚師創造的那個「世界」，正是美食論述。

接下來將繼續解釋美食論述的內涵。

❶ Priscilla Parkhurst Ferguson, *Accounting for Taste*, p.3 .

❷ Priscilla Parkhurst Ferguson, *Accounting for Taste*, p.3.

❸ Priscilla Parkhurst Ferguson, *Accounting for Taste*, pp.2-3.

美食論述使食物由私密走向公共

人們爲什麼要談論食物？

當你每每打卡上傳，隔幾分鐘就刷一下手機檢查有多少「讚」對你的餐廳體驗表示認同，你當然不會覺得談論食物這件事有什麼奇怪。在網路與社群媒體出現以前，人們也針對食物侃侃而談，報章雜誌又介紹什麼餐廳了，哪本食譜書好看好用，電影裡的美食場景如何令人嚮往，煤炭工人麵（Carbonara）究竟有沒有鮮奶油。

如此稀鬆平常，讓我們都忘記了，品嘗食物原本是一件極度私密的事情。都說飲水冷暖自知，一道菜好不好吃，也只有嘗到的人知道。然而，這位有口福的仁兄，轉身對朋友一句「我跟你說喔」，接續而來的討論與言談，才讓那一道菜離開了個人的範圍，開始進入公共領域。也唯有在這等公共領域，食物才能抵抗物理性的湮滅，即便通過了消化道、被沖進馬桶裡，透過人們的言說、書寫、紀錄，它不但存在，且繼續被人們享用。

這便是美國社會學家弗格森，有關美食論述（culinary discourse）的闡述基礎❶。在《解析品味：法國美食的勝利》一書中，她認爲，美食體驗若要擺脫感官的、有形的、不耐久的性質，必須經歷一段由私密走向公共的過程。如何做到？她認爲「形式化」（formalization）是關鍵：首先，必須針對個人的胃口（appetite）進行規範，賦予某種形式；再來，爲了抵消食物的物質性與短暫性，必須讓食物智識化（intellectualization）與審美化（aestheticization），才能使原本私密的體驗變成公共秩序的一部分。

年節食物就是很好的例子。年三十晚，雖然吃牛排大餐也未嘗不可，家家戶戶仍會擺上一條魚，煮幾個水餃，炒一盤十樣菜，享用各種象徵自家身世的年菜，這便規範了個人的胃口；每一年討論年菜的做法，以及年年有餘、財源滾滾、十全十美等等寓意，就讓食物乘載了知識與文化，並且透過反覆的集體實踐，成爲公共的規則。

從私密到公共，食物經歷此一轉化的過程，指向了飲食文化。在這階段，食物的「消費者」是誰？不再只是把食物吞下肚的進食者，他是一位讀者兼食客（reader-diner），享用的是有關食物的文本（text），而其閱讀與賞析，當然不亞於進食本身。如同吃飯與烹飪，閱讀與賞析也和食物建立連結，也是一種「品嘗行為」。

如果你還有印象，先前我曾為文討論餐廳的誕生、用餐大眾的形成，這些都是將「品嘗」由私密變成公共的歷程，也是美食家與美食評論存在的基礎。而在個人的層次上，談論食物——包括閱讀與賞析——同樣指向美食體驗的公共性。

弗格森因此認為：「食物若能有社會意義上的存續，有賴於批判性的論述將食物的文化預設翻譯給讀者兼食客來理解。如同書寫下來的文字確定了演說的內容，美食論述確保了味覺經驗得以存續。」❷亦即，食物不再只是一種物質，而能具備智識的、象徵的、美學的意涵；是這些形而上的表達賦予食物社會的意義，而非一道菜餚或一頓餐食❸。

這就是美食論述，其文本包括了食譜書、美食報導、哲學專著、文學作品等等。

下一篇將繼續討論料理（cuisine）與美食論述的關係。

❶ Priscilla Parkhurst Ferguson, *Accounting for Taste*, pp.17-19.

❷ Priscilla Parkhurst Ferguson, *Accounting for Taste*, p.17.

❸ Priscilla Parkhurst Ferguson, *Accounting for Taste*, p.17.

料理是美食論述的基石

當我們說日本菜、法國菜、泰國菜，所謂的「菜」是什麼意思？

在英文裡，那意指「cuisine」，而cuisine是英文裡的外來語，身世來自法國，回溯其拉丁字根「coquina」，原始的意思是「廚房」；而coquina是從動詞coquere延伸而來，coquere意指煮、炊、烹飪（to cook）。

現代意義的cuisine，根據線上版《劍橋詞典》，意指烹飪、烹調，但這不夠精確，依其英文解釋：「a style of cooking」，cuisine應是一種烹飪方式，蘊含規則在其中。例如當我們說「法式烹飪」（French cuisine），就會想像各種醬汁、食材組合、呈現形式，好比紅酒燉雞、尼斯沙拉、馬賽魚湯，背後有一套法國人的做事方法。而在中文裡，cuisine有更好理解的詞彙，那便是「菜系」

或「料理」[1]。French cuisine就是法國菜、法式料理，這就完全對標了。

有關「菜系」，維基百科如此說明：「菜系，又稱料理，是指一種在食材、烹調技巧及菜餚上的獨有烹飪方式，而它通常與一種獨有文化或一個特定地區互相聯繫。一般而言，地區性的食物準備傳統、習俗與食材互相結合，方能創造屬於該地區獨有的菜餚。」

大費周章說文解字，是因爲詞語的涵義很重要。我們必須回到先前有關食物（food）、烹飪（cooking）、美食（gastronomy）、料理（cuisine）的區辨：食物是人爲了活下去而吃下肚的東西；烹飪把食物變成可以吃下肚的狀態；美食是一種有教養的食物，指向懂吃的人士；料理則將烹飪實務變成一種文化建構，爲「吃」設下規則[2]。

對於美國社會學家弗格森而言，料理是美食論述的基石[3]。她認爲「料理是一種規範（code），能夠把食物的習俗組織起來，讓我們得以討論並描述味道（taste）。」[4]；「料理將烹飪實務置於社會的脈絡底下，藉由飲食經驗的分享，約定成俗，在當代人們得以表達，在未來人們得以重現飲食的記憶。」[5]

用白話文來說，舉日本料理爲例，你可能馬上想到壽司，或者一道道位上的會席料理。會席料理的菜單，會出現前菜、湯品、生魚片、燉煮菜色、燒烤菜色、油炸菜色等等，以及白飯、醬菜、味噌湯，有固定的形制與配套；使用的食材與調味，也能表現日本的風土與民情。好比秋天，可以品嘗到銀杏、蓮藕、栗子、松茸、柿子、螃蟹等等，想像一下清鮮味美的松茸蟹肉真丈，或者濃郁溫暖的秋刀魚有馬煮，滋味頓時在腦中清晰起來。

料理藉由美食論述流傳千古，美食論述充實料理的內涵與意義。可以說，料理因食物而存在，因文字而存活，二者缺一不可。又，料理囊括了一系列烹飪方法，通常以一個地方能取得的食材為限；而這般烹飪方法的集合，何時能夠成為料理呢？弗格森認為，唯有當這些烹飪方法被清楚地表達出來，形成一種體系，進入了公共領域，才會變成料理❻。

當然，做菜備料，往往是和某一群人，或某些特定個人，息息相關；發生的場域，也往往是廚房。然而，只要烹飪的技術或作法仰賴個人的傳遞，這群人永遠難以擴大，這項技藝也容易亡佚。弗格森因此主張，「任何料理若想觸及創始族群以外的人，其烹飪習慣必須確定下來。文字與影像能使料理廣泛流通，而將烹飪習慣變成文化現象。」❼

下篇將繼續討論烹飪與料理的關係。

❶「料理」一詞應源自日語漢字，現也常為中文所使用，即指「菜餚」。

❷ Priscilla Parkhurst Ferguson, *Accounting for Taste*, p.3.

❸ Priscilla Parkhurst Ferguson, *Accounting for Taste*, p.18.

❹ Priscilla Parkhurst Ferguson, *Accounting for Taste*, p.18.

❺ Priscilla Parkhurst Ferguson, *Accounting for Taste*, p.18.

❻ Priscilla Parkhurst Ferguson, *Accounting for Taste*, p.19.

❼ Priscilla Parkhurst Ferguson, *Accounting for Taste*, p.19.

烹飪與料理的關係

談到烹飪（cooking）與料理（cuisine）的關係，美國社會學家弗格森的基本論調是❶，烹飪屬於物質的、具體的，把生變成熟；料理屬於文化的、抽象的，把烹飪的實踐編集成典，是一套規則，食物也跳脫了物質上的意義，而進入文化的領域。料理經過詮釋，形成論述，也因此，在弗格森的學術論著裡，她把料理等同於美食論述（culinary discourse）。

弗格森並強調，物質上把食物從生變成熟，和文化上把食物變成論述，這二種轉變是平行共存的❷。但是，烹飪與料理有另一層區別的意義❸：人做飯或吃飯，「食物」是一種物質上的存在，其生產或消費發生在一定的場域——廚房或飯廳；相對地，「料理」的生產或消費，亦即書寫、閱讀、談論、思考那些與食物相關的美學、智識議題，沒有空間上的限制，可以隨處發生。

你可以讀出弗格森試圖描繪的二分法，物理世界裡確切的、具體的存在，與精神世界裡文化的、抽象的存在，她反覆論說食物的這二種面向，並試圖賦予後者一種慎重的意義——這是每天把進食當作補充營養的人，不甚關心的。

如果還是難以理解，或者認爲這樣的區別小題大作，不妨閉上眼睛，想像一下廚子（cook）與主廚（chef）的形象。兩者的區別，也是弗格森舉的另一個例子。

「廚子通常是一個業餘者，且更經常是女性，她（他）獨自在廚房裡工作，仰賴手邊的食材，重製熟悉的食譜。她（他）與烹飪的連結，可以是直接的，例如『我母親的食譜』；也可以是間接的，例如『我鄰居的祖母的食譜』。然不論如何，她（他）們都有某種個人連結。」❹

「另一方面，堪稱模範的主廚，則不與親友共事，而是與其他專業人士一起從事創新的烹飪工作，且能運用各式各樣的食材。在此專業的前提下，主廚取得系統化的技巧，透過廣泛的練習與研究而精進。和家庭廚子不同，主廚面對的是餐廳裡不知名的、背景混雜的、不斷變動的顧客。」❺

你可以想像得到，在家中廚房裡外忙進忙出的媽媽的身影，以及在餐廳出餐檯前喊單派餐發號施令的主廚的姿態，二者有多麼不同。或者你也投射到自己身上，本身在廚房裡的身手，怎能和餐廳主廚比擬？當你從備料、炒菜到洗碗都獨自完成，主廚反倒不眞的下廚，比較多從事創作、組織、管理的工作。

廚子和主廚的形象對比，在這裡的意義是，專業的主廚比起業餘的廚子，之所以能在更遼闊的烹飪競技場上切磋技藝，是因爲美食論述的緣故。美食論述將食物由私密延伸至公共，將美食體驗由個人擴大至群體，烹飪因此可以成爲一種行業，供給不特定多數人。

❶ Priscilla Parkhurst Ferguson, *Accounting for Taste*, p.21.
❷ Priscilla Parkhurst Ferguson, *Accounting for Taste*, p.20.
❸ Priscilla Parkhurst Ferguson, *Accounting for Taste*, p.21.
❹ Priscilla Parkhurst Ferguson, *Accounting for Taste*, p.21.
❺ Priscilla Parkhurst Ferguson, *Accounting for Taste*, p.21.

第二章

美食家是誰

美食家的定義

Toyz（劉健偉），知名YouTuber與電競直播主，雖身涉多項負面新聞與爭議，但因其流量、話題居高不下而坐擁大批粉絲。其YouTube影片尤以至餐廳用餐並評論的「美食公道伯」系列廣受歡迎❶。

二〇二三年三月，Toyz開設手搖飲料店，主打「便宜又好喝」，低價策略引發熱議。先生上健身房時與其健身教練聊及此事，經常追蹤Toyz動態的健身教練表示：「飲料店的用料應該不會太差吧，畢竟Toyz是美食家啊！」

「Toyz是美食家？」先生返家向我轉述時，我反問了一句。原來有人的想法是這樣呀！異溫層的誠實意見冷得令我打哆嗦。但我憑什麼不認同？如果人人張嘴能吃、張嘴能談，爲什麼不能人人都是美食家？

如果美食家也有同溫層、異溫層之分，那麼，葉怡蘭應是美食愛好者公認的美食家。

葉怡蘭，《Yilan美食生活玩家》網站站主，「PEKOE食品雜貨鋪」創辦人，同時為台灣知名美食旅遊作家，著作遍及旅宿、食材、飲品、烹飪、飲食文化，識吃擅煮且懂茶懂酒，是全方位的美食鑑賞與生活品味者。

葉怡蘭卻不喜歡「美食家」這頭銜。

我曾在三個不同場合看過或聽過葉怡蘭說自己不是美食家。一是國際慢食運動創辦人卡羅・佩屈尼的著作《慢食新世界》中，葉怡蘭所做推薦序〈期待，「新美食家」〉，她說她十分畏懼「美食家」此稱謂，寧可被稱為「飲食作家」、「飲食文化工作者」，因為她認為「美食家」的「確實面目與意義究竟為何」含糊不清，「而且，我也從不認為自己真的已經嘗遍天下珍饈、夠資格成『家』；甚至覺得這個名稱背後所隱隱然流露的菁英氣味，和我於飲食領域中的真實關注與喜好確實頗有一段距離。」❷

二是在一份碩士論文中❸，葉怡蘭作為美食家研究主題的受訪者，直言「自己最怕被別人做此稱呼」，且笑說：「台北好多很貴的餐廳我都還沒去過呢！」❹

三則是我親自訪問葉怡蘭時。那是二〇二〇年十月，在我的Podcast節目《美食關鍵詞》的「美食家是誰」單元上，我向葉怡蘭請教她對美食家的看法（訪談精華收錄於本書）。一如往常，她希望「不要把美食家這樣的頭銜冠在我頭上」，然而這次的理由更有意思，她說是出自「中文系出身的咬文嚼字。」她解釋，頭銜通常是一種職稱，代表一個人營生所爲的工作，然而她卻不認爲美食家是一種工作。「我覺得美食家不見得需要營生，或是說，這世界上有很多的『家』是不營生的，比方說收藏家。」

美食家都不美食家了，還有二位前輩。

謝忠道長年旅居法國，專精美食美酒，爲台灣的飲食書寫開啓東西文化對照的全新格局，多本著作中，《慢食》對於用餐、主廚、餐飲評鑑的思辨，深具啓發。舒國治有「台灣小吃教主」之稱，《台北小吃札記》、《窮中談吃》是其主題廣博的書寫裡，奠定地位的飲食代表作。

謝忠道、舒國治接受我的Podcast專訪時（訪談精華收錄於本書），也不約而同撇清美食家與自己的關係。謝忠道爲美食家設下高標準，他認爲美食家必須累積飲食經驗的廣度與深度、擁有充足的求知精神與思辨能力，而他從不自認爲美食家，「因爲你在這行業走越久，你會發現自己懂的東西越少。」

謝忠道更不認同爲了滿足虛榮心而自封美食家的人，「美食家已經被濫用到接近貶義了。」

「美食家這三個字請不要自己講，讓別人來講，這才是眞正的榮耀。」

舒國治的說法更妙。「有的人看到你就叫大師，不要用這種討厭的字眼講我好不好！」彷彿美食家已成了髒話，與嚴謹、信用、權威一點關係都沒有。

不過，顯然「美食家」的是與不是，與當事人的意願無關。

Toyz從未自稱美食家，網友卻說他是；葉怡蘭拒絕美食家之名，讀者卻說她是。謝忠道、舒國治對美食家的稱謂再怎麼反感，也還是被貼上標籤。反過來說，自稱美食家的人，如果在公眾的眼裡不夠格，他也不是美食家。

美食家是眾口鑠金，是三人成虎，還是簡單粗暴的多數決？

或許是因爲，美食家的定義從來都是各說各話。成爲美食家的門檻似乎很低，因爲吃吃喝喝是生活根本，對於美食的追求在成熟的消費社會唾手可得，如今自媒體當道，發言品評更輕而易舉；成爲美食家的門檻又似乎很高，因爲飲食經驗與知識的積累，永遠天外有天，前輩紛紛任重道遠，「家」字壓頭千斤重。

的確，美食家沒有明確的養成管道，沒有美食家學院可以念，沒有美食家證照可以考。然而，一種專家不可能一下子好當，一下子不好當，在二種極端中間，有太多細緻的條件與標準值得探討。

如果一個人想當美食家，可以怎麼當？

當然，前提是，美食家是一種令人嚮往的身分。那預設了，愛吃是一種社會風氣，人們熱衷於談論哪裡好吃、什麼好吃，出門覓食需要專家指點。

台灣人有多愛吃？

讓我們用數據佐證。若以網路聲量觀之，根據《二〇二二年百大影響力KOL調查榜單》❺，二〇二二年八月累計台灣網紅共八萬八千六百五十三位，其中以「美食」類內容創作者爲最大宗，有三萬兩百四十三位，占百分之三十四；主流社群平台Instagram上，二〇一九年所有貼文類型中，以「美食」的占比最高，使用美食相關內容標籤的貼文超過十五萬則❻；二〇二二年的主題內容標籤仍以「美食」互動最高，疫情中烹飪料理的貼文數量超過十三萬則❼。

再以餐飲業的營業額觀之，根據經濟部統計處，二〇二三年第一季台灣餐飲業的營業額達到新台幣（下同）兩千五百五十二億八千七百八十四萬八千元，相較二〇一三年第一季的一千四百零八億九千四百八十二萬六千元，成長了百分之八十一，即便疫情三年曾經下探谷底，疫情後仍然強勢反彈，營業額十年來呈現上漲曲線。

更有意思的是，對比個人薪資的增加幅度，每人每月經常性薪資，二〇一二年至二〇二二年只成長了百分之十九[8]。這代表台灣人掏出更多錢吃飯，加薪的幅度還追不上花錢用餐的速度！從家庭支出結構也可看出此趨勢：一九七六年，台灣人花在餐廳與旅館的費用，僅佔家庭支出的百分之二・四八；到了二〇二一年，占比已來到百分之十二・七七[9]。

人們出門吃飯，可眞吃得轟轟烈烈。

台灣的消費社會於九〇年代中期以後開始深化，無獨有偶，「具有食物指導、推薦、美學性質，且不以書寫爲唯一傳布形式的『美食論述』」[10]，也在這段時間蓬勃發展，諸如《Here》、《Taipei Walker》等美食情報雜誌，三立《鳳中奇緣》、民視《美鳳有約》、TVBS《食尚玩家》等美食電視節目，或者資深美食家胡天蘭在一九九六年出版的第一本書《TOP台灣小吃一百點》，都具有代表性意義。韓良露、韓良憶、葉怡蘭、謝忠道，都是在此時期興起的作家[11]；而原本不寫吃的舒國治，也因二〇〇七年五月出版《台北小吃札記》[12]而成了小吃教主。

當人們把品嘗美食當作重要的休閒娛樂與生活方式（lifestyle），甚至是展現個人品味的明確手段，對於美食論述的需求也節節升高，美食達人、美食魔人，以及美食家，因此有了出場的舞台[13]。

與其說人人是美食家，不如說人人是吃貨[14]，而吃貨之中的意見領袖，指引大眾如何吃喝的論述者，可謂美食家。不過，根據我翻查文獻以及進行的訪談，似乎有一種共識是，美食家的定義曖昧不清。

不妨讓我們先回歸本書前文已經提及的，英國社會學家門內爾對於美食家的看法：

「美食家不僅僅是一位講究吃喝的行家，他同時是飲食品味的理論家與宣傳者。」（請參閱本書七十二頁）從中可以拆解出美食家需要具備的三項條件：

一、講究吃喝：意味著美食家需有豐富的飲食經驗，且能辨別好壞；

二、飲食品味的理論家：意味著美食家需能對飲食經驗與其涵攝的知識進行思辯，提出論述；

三、飲食品味的宣傳者：意味著美食家需有影響群眾的能力，是一位意見領袖。

這樣夠清楚了嗎？

事實上，要成爲美食家，似乎還有難以言說的潛規則，或者，某種看不見的、進入「飲食圈」的門檻。這才是眞正曖昧不明的地方。譬如，爲什麼有些人，總能坐上最一位難求的餐桌？爲什麼有些人，總能搶先一步踏查新店？爲什麼有些人總能和主廚、餐廳業主結交好友，有些人卻只能當一般客人？

還有，美食家究竟需要具備怎樣的能力？就算配備了該有的技能，是否還要經過某種「合法化」的過程，才能眞正取得地位與權威？

有關如何成爲美食家，我希望有更嚴謹的理論基礎，因此參考了二份學術論文。一份是馮忠恬所著，《「食話食說」——台灣美食家的探索性研究（一九九五—二〇〇八）》，國立臺灣大學社會科學院社會學系碩士論文，發表於二〇〇九年七月；另一份是劉怡安所著，《飲食評論工作者的形塑之路——從傳統到數位媒體的轉向》，國立政治大學傳播學院碩士在職專班碩士論文，發表於二〇二三年六月。另需說明，劉怡安訪問了七位飲食評論工作者，我是其中一位。

必須說，台灣學術界針對美食家或飲食評論工作者的研究，少之又少。馮忠恬從社會學出發，劉怡安從傳播學切入，針對美食家爲了完成工作所需的專業知能，以及美食家如何成爲美食家的「合法化」過程，提供了有別於一般媒體報導的洞見。

在上述二份論文的研究基礎上，我將進一步探索，成爲美食家的方法。

❶ YouTube 頻道《Toyz》於二〇一九年四月七日發表影片：米其林餐廳還能踩雷？牛排咬不爛＋蒼蠅飛來飛去－竟然還吃到未來漢堡？【TOYZ】。https://www.youtube.com/watch?v=okVB1PSudRY&t=98s

影片中 Toyz 至林明健主廚旗下「Wildwood」餐廳用餐，猛烈抨擊該餐廳，抱怨不好吃、有蒼蠅、牛排嚼不爛等等負面情事，並引發粉絲到餐廳 Google 地圖評論區刷一星負評，導致餐廳商譽受損。這次爭議反令 Toyz 開啟「美食公道伯」系列影片，去米其林餐廳踢館，或者評測特定食物，由於敢說敢罵，被網友認為評論真實。然而，其評論多為美食知識與餐飲經驗不足的個人觀感，譬如因為太辣就不喜歡一道菜，或者以麵包軟不軟來判斷好不好吃。單純的個人意見是否僅因「真誠」就能該當美食評論？經常發表這類見解的人是否就能該當美食家？這是本文想探索的其中一個問題意識。

❷ 卡羅．佩屈尼，《慢食新世界》p.11，商周出版，二〇〇九年五月。

❸ 馮忠恬，《「食話食說」——台灣美食家的探索性研究（一九九五－二〇〇八）》，國立臺灣大學社會科學院社會學系碩士論文，二〇〇九年七月。

❹ 馮忠恬，《「食話食說」——台灣美食家的探索性研究（一九九五－二〇〇八）》p.99，國立臺灣大學社會科學院社會學系碩士論文，二〇〇九年七月。

❺《二〇二二年百大影響力 KOL 調查榜單》由《數位時代》與 iKala 旗下網紅搜尋引

擎「KOL Radar」合作整理統計，統計時間為二〇二〇年六月一日至二〇二一年五月三十一日。https://kol.bnext.com.tw/2022/

❻《OpView 社群口碑資料庫》於二〇二〇年一月二日發布的「二〇一九年台灣 Instagram 上熱門主題的貼文榜單」，使用美食相關主題 Hashtag 貼文共十五萬四百八十五篇，較其他熱門類型旅遊、穿搭、品牌、美妝、影視娛樂，排名第一位。轉摘自劉怡安，《飲食評論工作者的形塑之路——從傳統到數位媒體的轉向》，

❼《二〇二二年度網紅影響力洞察報告》由《OpView 社群口碑資料庫》製作，統計期間為二〇二二年一月至二〇二二年十二月，於二〇二三年三月發表。https://www.opview.com.tw/wp-content/file/202203_2022KOL_influence_report.pdf 國立政治大學傳播學院碩士在職專班，碩士學位論文。

❽根據行政院主計處的統計資料，工業及服務業每人每月經常性薪資，二〇一二年為新台幣（下同）三萬七千一百九十三元，二〇二二年為四萬四千四百一十六元，十年來成長百分之十九。

❾行政院主計處，家庭收支調查——調查報告。https://ws.dgbas.gov.tw/win/fies/a11.asp?year=110

❿馮忠恬界定「美食論述」的原文：「本文不以文學性的語言，壁壘分明的劃分『飲食文學』vs.『消費文學』，而是將此種由九〇年代後期逐漸蓬勃、壯大，具有食物指導、推薦、美學性質，且不以書寫為唯一傳布形式的論述為『美食論述』，其可能以散文、

評論、評鑑的形式出現，也可能以報導、廣播、電視節目的方式散布，無論是進行餐飲據點的評論、獨特食材的介紹、食物美學的推薦、甚至賦予某些餐廳、食材象徵性的符碼，美食論述召喚著消費者的慾望、鼓動著消費者味覺上的探險、指導著消費者的品味；美食論述的發展，也使得越來越多其他領域的人跨界而來，焦桐開辦了餐館評鑑，李昂則成了常上電視節目的美食名家。」馮忠恬，《「食話食說」——台灣美食家的探索性研究（一九九五-二〇〇八）》p.19，國立臺灣大學社會科學院社會學系碩士論文，二〇〇九年七月。

⓫ 舒國治於二〇〇五年秋至二〇〇七年春為《商業周刊》所寫小吃專欄，集結成為《台北小吃札記》，二〇〇七年五月出版即轟動食林，也為他冠上「小吃教主」的頭銜。

⓬ 舒國治於二〇〇五年秋至二〇〇七年春為《商業周刊》所寫小吃專欄，集結成為《台北小吃札記》，二〇〇七年五月出版即轟動食林，也為他冠上「小吃教主」的頭銜。

⓭ 馮忠恬，《「食話食說」——台灣美食家的探索性研究（一九九五-二〇〇八）》p.12，國立臺灣大學社會科學院社會學系碩士論文，二〇〇九年七月。

⓮ 吃貨（foodie）可以直觀理解為愛吃的人，相較於美食家是更平易近人、更不具攻擊性的詞彙。我的著作《Liz 關鍵詞：美食家的自學之路與口袋名單》有關於 foodie 與 foodie 的品味更詳細的討論，歡迎參考。

成為美食家需要的專業知能

有關美食家需要具備的能力，常聽人提及敏銳的味蕾、豐富的經驗、博學的知識，有時加上表達能力、語文能力，至於好體力、開放心胸、好奇心等等個人特質則不一而足。

然而這些都是拍腦袋得出的簡單結論。一個人爲了達成工作任務需具備的能力或知識，可以如何被論述？劉怡安的論文提供了清楚的分析架構。

什麼是專業知能？

這架構引用了教育領域中的「專業知能」（competence）❶，也可被譯爲專業能力、職業能力、職能或才能，「被廣泛運用於各領域專業人員角色能力的研究」❷。專業知能原意指一個人「性格中與生俱來的自我要求，以至於能夠達到良好表現的要素」，亦即能夠決定一個人工作績效的因素，包含個人態度、行為特質、認知，後擴大解釋為包括個人潛在的特質，如個人動機、自我形象、社會角色。

美國學者萊爾與塞尼．史賓賽（Lyle M. Spencer & Signe M. Spencer）則進一步發展出「冰山模型」❸，將專業知能分為外顯可觀察的部分，包含知識（knowledge）及技能（skill），以及內隱不易察覺的部分，包含動機（motives）、特質（traits）與自我概念（self-concept）。

台灣不乏援引專業知能來分析不同角色職能的研究，針對餐飲領域的工作者如外場人員、廚師的研究也有，劉怡安則進一步用在「飲食評論工作者」❹身上。她特別指出飲食評論工作，除了工作者個人的知識能力以外，「在與情境互動的過程亦包含大量外在工具的使用輔以完成任務，例如：網路、電腦、人脈」，她並特別強調人脈的重要性，「如何藉由社會網絡的連結取得原先難以取得的資源就是個有趣的課題」❺。

因此，若要分析美食家的專業知能，不能停留在飲食知識或表達能力等等，限縮於個人且外界清楚可見的條件，還必須包括動機、態度、人脈等較深層、隱晦的內在層面。

劉怡安並參考李惠琳❻針對文字新聞記者的核心能力分析架構，依據「個人vs.集體」、「認知導向vs.情意導向」❼，將飲食評論工作者的專業知能切分出四大象限❽：科技使用、資訊處理、個人情意、集體協作。以下我將沿用。

一、個人情意

個人情意，意指「動機、態度、價值與自我印象」❾，指向一個人做某件事的內在驅動因素，看待事物的評價或情感，以及對自我的綜合性看法。

聚焦於美食家，在此要討論的是，美食家品評美食、發表內容，進行美食的推薦或分享，他從事美食論述的內在動機是什麼？他又如何看待自我？他只是有一顆熱情分享美食的心，還是他有更高的自我要求？

1. 愛吃的動機

針對飲食評論工作者的動機，劉怡安區分「傳統媒體世代」與「數位媒體世代」，做出前者多因工作所需、後者多發自內心的結論。然而我認爲，若要在此刻談論一個人如何成爲美食家，現在起心動念的人，就是原生的數位媒體世代，有非常多工具可資使用，不需要求助過往由上到下的發行渠道，立刻就能開通臉書、Instagram、YouTube或其他自媒體平台進行發表。關鍵只是，他有多想要而已。

當然，如前所述，不是所有人都認同「美食家」的身分或頭銜。Foodie，或者中文裡的吃貨、愛吃鬼、美食愛好者等等，或許是更親切無害的形象。事實上，Instagram有無數囊括「foodie」一字的帳號，「#foodie」此內容主題標籤更有超過二億四千六百萬則貼文。

愛吃、喜歡美食，以及想要將此愛好表現出來的意願，應已是足夠強烈的動機。

2. 自我印象：美食家是客觀的評判？

第二個要探討的內在動機是，美食家如何看待自我角色。美食家只是把愛吃的主觀意見表達出來，還是必須跳脫個人喜好，用客觀的態度做評論？

有關飲食評論，一個常見的辯論是，口味的喜好究竟是主觀還是客觀？品嘗食物是極度私密的經驗，當你在咀嚼與吞嚥時，沒有一個人能體會另一個人的味蕾宇宙。還有什麼能比食物的口味偏好更加主觀呢？也因此，「青菜蘿蔔各有所好」成了一種老生常談，也是意見不合時叫人閉嘴的句點。你喜歡的跟我喜歡的就是不一樣啦！

然而，若只停留在這個層次，不僅人生將失去很多樂趣，也不符合人性。因爲當你面對眼花撩亂的選項抱頭迷惘時，你想要有人告訴你什麼是好什麼是壞。你想要有人幫你選擇。這就是各類指南、推薦、榜單興盛的原因，也是美食家出手救援的絕佳時機。

美食家的任務，就是把私密的、感官的、不耐久的飲食體驗，轉變爲公共的、智識化的、長遠流傳的美食論述。

許多美食部落客或網紅，在發表美食意見時，往往加註：「這只是我的主觀感受」、「我個人喜歡的是……」。個人喜好本來無可厚非，分享自己的飲食經驗，輕鬆無壓力，單純做個Foodie不必想太多。然而，我認爲美食家要擁有比「分享個人喜好」更高層次的自我要求，這也是區分美食家與業餘饕客的一項指標。

卻也會出現一種狀況是，個人喜好成爲發表飲食評論者的免責聲明，「這只是我個人的意見」，「我只是吃不習慣」，並希望藉此加強評論的眞實性，以創造和讀者、觀眾的連結。讀者、觀眾也會以爲不加掩飾的心情抒發就是值得信賴的眞誠評論，即便其中摻雜了錯誤的資訊與無知的見解。美食家必須遠離這類窘境。

再以知名YouTuber Toyz爲例，他在二〇一九年十二月發表了當時仍爲米其林二星的「Tairroir 態芮」餐廳的用餐影片[10]，提到「吃不習慣」，「有一些菜眞的很難理解」，並以「有人請我來吃，我也不會來吃的一間餐廳」作爲結論。然而，他對於菜色的評價，不經意地透露出其飲食經驗與知識的不足。例如開胃點心裡，他認爲吃起來就像「軟皮的春捲」的東西，其實是江浙菜裡經典的素鵝；又例如，一道名爲「茄麗律」的料理，使用七種台灣有機番茄，搭配羅勒冰沙與絲綢乳酪（Stracciatella），Toyz批評七種台灣番茄味道沒有變化，不明白這樣組裝想要表達什麼，其實，這就是一道義大利通行世界的代表性菜色「卡布里沙拉」（Caprese Salad）的變形。

美國哲學教授莎拉．E．沃斯（Sarah E. Worth）在其著作《飲食的哲學——餐桌上的感官認知體驗》（*Taste: A philosophy of food*）中，針對口味與品味有精彩的討論。她說，口味喜好是人們最愛爭論的話題，但是，口味的歧異並無法透過相對主義（人各有所好）或絕對主義（食物的好壞蘊含於食物本身的特質）二擇一的方式獲得圓滿的解決。我們品嘗食物時，食物本身客觀的特性，以及食物進入體內後我們主觀的感受，是同時存在的，並且，我們也該把客觀的「食物特性」和主觀的「個人體驗」區分開來。用白話說即是：我們不喜歡某種食物，並不會讓那種食物變得不好[11]。

舉例而言，討厭香菜的人，可能是因爲他身上的OR6A2基因發生變異，導致他對香菜主要氣味來源的「癸烯醛」特別敏感。此生都無法接受香菜，這理由夠主觀了吧！然而，這無法改變香菜是許多料理的關鍵食材，也無法改變香菜控著迷於大腸麵線裡的幾絡青綠，或酪梨醬（guacamole）裡的細碎芬芳。

美食家品評食物，必須兼顧主觀的感受與客觀的食物特性。

那麼，當美食家不喜歡某種食物或菜餚時，不論是由於基因或感官，或者文化差異、經驗缺乏，他應該要能區分個人的好惡與食物本身的特性，如果能因此學習那道菜的地理風土、歷史因由、文化脈絡，就更有收穫了。這才是美食家需要具備的，開放的心胸。

那麼，將口味延伸爲帶有審美意涵的品味，對於飲食評論又有什麼意義？

品味，在英文裡稱作「taste」，追溯其詞源，原本意指「與觸覺有關的感覺」，有探究、測試、嘗一點來看看的意思。當然，在現代我們最直觀理解的「taste」是味覺，然而「品味」一詞又常蘊含隱喻，例如，當我們稱讚某個人「品味很好」，往往不是指涉其飲食喜好，而是認同其服裝穿搭、居家裝潢或欣賞的書籍、電影。

將品味置於藝術鑑賞的層次，「好品味」指的是「有能力思考並且在認知層次上了解藝術作品的成功之處，也能夠清楚地表達這些想法，進而找出該作品的好壞之處以及背後的理由。」⑫

舉例來說，莫內的名作《睡蓮》，看似一團團模糊的色彩雜燴，然而行家就會理解，莫內作爲印象派的創始者，眞正讓他著迷的創作動機是光線，而《睡蓮》描繪的就是他家的池塘迷失在燦爛光線之中的景象。

如果藝術評論可以作爲飲食評論的定錨點，愛吃的你可能會大吃一驚，食物曾經被排除在「美」的鑑賞範圍外！

沃斯教授爬梳了「好品味」在哲學上的歷史脈絡，論及十八世紀歐洲二位代表性的哲學家——大衛．休姆（David Hume）與伊曼努爾．康德（Immanuel Kant）。休姆與康德想要探究的問題是：「好品味究竟是與肉體感官的判斷力有關，還是純粹的心智問題？」[13]休姆是客觀主義者，認爲美蘊藏在人們關注的客體本身，等待人們自己去理解，有受過訓練的人，比起沒受過訓練的人，更能識別出客體的美；康德則是主觀主義者，他認爲任何人都能做出有效的美感判斷，而美是存在於受過良好訓練的鑑賞者的心智能力之中，美感的判斷，則必須具有普遍性和必然性，意思是某個作品必須能讓每個人都同意「它很美」（普遍性），而且這件事情是眞實的（必然性）。

休姆與康德活躍的十八世紀，正是啓蒙的理性主義壓倒情感主義的時代，「好的品味」意味著理性、正確的訓練、反思的態度、保持距離的關注，這種觀念也持續影響著現代[14]。

即便二人的審美理論分從客觀、主觀出發，不論休姆或康德，卻都同意食物無法作爲美學鑑賞的客體。依照康德的理論，食物不同於音樂或繪畫，能夠被

「無私或隔著一段距離地關注」，而人們「若要評價或判斷嘴裡的味道，就一定得把食物吞下去，讓它進入體內」[15]。那麼，無論這口食物爲你帶來多少愉悅，它都只存在於你個人的口中，人人的品嘗經驗都不相同，因此不具備普遍性。飲食的體驗因此是獨一無二的，無法像觀賞繪畫、聆聽音樂一樣，反覆再現。[16]

將食物排除在審美的範圍之外，顯然是太過關注食物與感官的物理性質。如同本書前述〈吃的不同層級〉（請參閱本書一一八頁），「食物」固然是人類因爲生理需求而攝取的物質，進階到「料理」，則已跳脫物理、生理、私密的層次，而蘊含規範、文化與公共性。就算我們臣服於康德的理論，同意品嘗食物不等於觀賞畫作，評論一道菜的歷史脈絡、文化意涵與未來趨勢，以及料理人所創造出來的大千世界，總是可以的。

古今比對，也才確認，「美食」的人氣與地位是當代的產物，飲食成爲顯學也是非常晚近之事。

沃斯教授認爲，休姆與康德都在尋找一種非常確切且特定的美[17]。或許可以說，在三百年後的今天，我們對於品味的看法已經有所改變。而促使改變的人，包括二十世紀重要的法國社會學家皮耶．布赫迪厄（Pierre Bourdieu），他認爲十八世紀啓蒙時代所強調的理性、正確的訓練、適當距離的關注，其實和品味無關，品味的好壞純粹是社會經濟階級的差異[18]。

布赫迪厄認爲，一個人在社會上的位置，是依照其所擁有的資本總量與資本結構而決定。他把資本分爲四種形式[19]：經濟資本，由不同生產要素和經濟財貨總體所構成；文化資本，即知識能力資格的總體，由學校生產或傳承自家庭，可簡單理解爲學歷、舉止風範、收藏藝術品等等；社會資本，指個人或團體所擁有的社會關係總體，可簡單理解爲人脈或人際關係；象徵資本，相當於一個人得到的名望及認可，是由其他三種資本轉換而來，也是對其他三種資本的認可所帶來的信用及權威，可簡單理解爲名聲或地位。

根據以上，布赫迪厄把社會分爲三種階級[20]：宰制階級或上層階級、小資產階級、普羅階級。

不同階級偏好不同食物選擇。舉例而言，上層階級可以理解顚覆感官的分子料理，那是因爲上層階級有本錢將心思專注於食物的形式（菜單的架構、擺盤的呈現、料理背後的思考），而非功能（飽足感、方便性）；普羅階級則傾向購買財力可以負擔且有飽足感的食物，較注重食物的功能性[21]。

根據布赫迪厄的論點，所謂的「好品味」，其實不過是菁英喜歡的事物。上層階級有機會體驗各式各樣的食物，所謂「有機會體驗」包含了取得體驗的經濟資本（購買名貴葡萄酒、出國吃米其林餐廳）以及文化資本（理解飲食體驗的基礎知識），因此更能發展出鑑別的能力，也更說得出他喜歡的食物為什麼美味。而品味就是一種「養成對特定風味之喜好」的能力[22]。鑑別的能力，就像是解讀密碼，無法解讀密碼的人，「並不是看不見這些符號，而是看不懂。」[23]

說得出為什麼，對於美食家而言至關重要。

布赫迪厄有關品味與階級的論述，出自他開創性的經典巨作《區判：品味判斷的社會批判》（*La Distinction : critique sociale du jugement*），自一九七九年出版以來，引發社會學界無數討論。為了更細緻化階級與美學偏好之間的關聯，布赫迪厄之後有社會學者聚焦於文化消費的「雜食性」（omnivorous-ness），意指「高階文化脫離過去充滿勢利心態的排他行徑，邁向文化折衷主義的普遍趨勢」[24]。

說白話點，高級的文化類型如歌劇已不再有效彰顯社會地位，若欲達到高社會地位，必須小心選擇橫跨文化階層的各種文化類型，譬如一位音樂通可能爵士樂、歌劇、流行歌都要有所涉獵；套用到飲食品味的分析，雜食性的好品味者不能只懂高級餐飲，也要能夠欣賞街頭小吃[25]。

雜食性代表更具有多元性、包容性的文化思潮，然而，社會認可的雜食性消費仍然需求一定的文化資本與經濟資本。階級仍然存在，只是用更隱晦的方式呈現；好品味也有一定的指標，只是用更民主的方式形成[26]。

好品味的內涵有時代演進的沉積，那麼，壞品味呢？什麼又是飲食上的壞品味？

沃斯教授說得好：一個人飲食上的品味比較差，可能是因爲他比較喜歡標準化的食物，或是不清楚自己的喜好[27]。如何能清楚自己的喜好？在飲食上，你必須不斷地進行味道的認知覺察，不斷地比較各類食物的異同，心中的那把尺，就會漸漸成型。

假設一個人這輩子只吃過香甜的奶油玉米，當他吃到墨西哥街頭的烤玉米時，必定會震驚於萊姆汁、辣椒粉、大蒜、起司與香菜交織而成的酸辣風味。

如果因爲不熟悉而妄下「不喜歡」的結論，就失去了一次學習的機會，味蕾也沒有長高長壯；如果能記住這滋味，把墨西哥人的味蕾儲存進味覺資料庫中，他就多了一個玉米料理的比較基準。

你爲什麼喜歡或討厭某種食物，是以你吃過的其他食物作爲背景脈絡，那些食物也有助於你辨識食物的味道[28]。

誠如哲學家泰德．格拉契（Ted Gracyk）所言：「要明確指出哪些原因使客體從審美角度來說是好或壞，必須有意識地學習做出必要的區別，而好品味就是這樣發展而來；一個人的樂趣，是根植於辨別自身喜好有何優劣特徵的過程。」[29]

那麼，所謂的「壞品味」，指的是欠缺區別好壞的歷程與因由，卻擁有強烈的個人喜好，「因此是一種『故意無知』（wilful ignorance）」[30]。單純以個人喜好來評論食物，有時因此是險路一條——你不知道何時會掉進壞品味的陷阱裡！

如果可以選擇，誰想當故意無知的人？偏偏，許多大言不慚的毒舌派，早就不小心洩漏了自己的壞品味。

3. 個人特質：美食家擁有敏銳的味蕾？

美食家是否需具備敏銳的味蕾？如果這是一題快問快答，我敢斷言沒有人會答「否」。然而，這一題，不是一個字回答得完的。

首先，什麼叫做「敏銳的味蕾」？

拿這問題詢問「超級味蕾者」（supertaster），他們可能會面露難色。因為，超級味蕾者，就是口味感受特別強烈的人，他們的舌頭上布滿數量比起一般人更多的舌乳突，因此，當他們嘗到簡稱為PROP的苦味劑「丙硫氧嘧啶」時，將名副其實地「叫苦連天」——苦味被放大了好幾倍。其實不只苦味，酸、甜、鹹也不會放過他們。味蕾敏銳到這地步，進食反而是件苦差事[31]。

我們都該慶幸身為味覺的麻瓜。

然而，即便大多數的人味蕾普通或遲鈍，味蕾還是可以經過訓練而變強變精。有關味覺的磨練，以及因此誕生的鑑賞能力，葡萄酒的知識與認證系統可謂最完善嚴謹。愛好品酒的人士，若能喝一口紅酒就唱名黑醋栗、櫻桃、皮革、蘑菇等杯中風味，且正確判斷這是來自夜丘（Côte de Nuits）產區，使用黑皮諾葡萄（Pinot Noir）釀成的勃根地葡萄酒，那很有可能是因爲，他學習過葡萄酒的地方風土、釀造技術與風味特徵，且品嘗過夠多樣本，將知識與風味進行比對，因此能精準識別。

不只是葡萄酒，咖啡、茶、巧克力，都有類似的味覺訓練系統，且有風味輪協助品嘗者歸納味道特徵。以我學習過的巧克力品評而言，「巧克力與可可品嘗國際機構」（International Institute of Chocolate and Cacao Tasting，簡稱爲「IICCT」）使用一套巧克力風味品評系統，以人類感官的神經網路爲基礎，製作出一象限圖，切割出草本／辛香（Herbal / Spicy）、水果（Fruity）、暗甜（Dark Sweet）、植物（Vegetal）等四個象限，中心則是巧克力本味（Chocolatey），形成五個風味群組。巧克力可以被形容爲香瓜、草莓、紅酒、核桃、菸草等等風味。

除了正面風味，也有負面風味——從採收可可到製作、保存巧克力的一連串過程中，若有問題都可能反映在最終風味上。譬如可可豆過度發酵會產生起司、鹹肉一般的鮮味；可可豆的乾燥若是在路邊的塑膠墊上烈日曝曬，就會散發塑膠味，加上雞鴨犬鳥走來走去，可能還有排泄物味；可可豆發霉、被不當煙燻、過度烘焙，將導致霉味、煙味、焦炭味。

IICCT的巧克力風味品評系統，印證了我們先前所說，評價食物必須兼含主觀與客觀。更可由此得知，光是針對單一種飲食的品評，例如巧克力，就要從源頭到末端節節深入，了解可可豆的品種與風土，以及製作的各步驟如發酵、日曬、烘焙、研磨與精煉、調溫，才配備了品評的基礎能力。

壞消息是，菜餚的品評，比起單一的飲品或食材，複雜得多。一道菜涉及的食材通常不只一種，烹調的手法也無奇不有，複數與複數的加乘，就是令人頭皮發麻的排列組合公式。若是傳統料理，例如三杯雞、佛跳牆、紅酒燉牛肉，那還有脈絡可循；若是創作料理，譬如丹麥餐廳「Noma」的一道夏季黃甜菜根塔，你怎麼可能嚐得出，塔皮中蘊藏的活潑鮮味，其實是接骨木花所製成的味噌呢？

那麼，美食家的味蕾，需要敏銳到什麼程度？

如果美食家接受品酒、品茶、品咖啡的訓練，絕對有加分沒損失。任何有關風味的學習，都是累積味覺數據的絕佳機會，好品味正是經過有意識的學習與區別修煉而成。

美食家若嘗一口麻婆豆腐，就能分辨大紅袍花椒的木質調性與青花椒的檸檬亮香，或者啜一口橄欖油，就知道產地是義大利的普利亞而非西班牙的安達魯西亞，那固然很酷。然而，我認爲敏銳味蕾的關鍵，未必在於直接說出正確的風味，而關乎更上位的，留心風味微妙變化的感受性，以及識別與反思的核心意識。

反思是很重要的。誠如沃斯教授所說：「要是缺乏反思或自知，我們就會自動偏愛那些熟悉的事物。如果你不多加擴展經驗範圍，就會被侷限在這個自動化的喜好中。」[32]

品嘗、比較、反思，味蕾會變得敏銳，好品味也隨之而來。

二、資訊處理

專業知能中的「資訊處理」，是指一個人接收資訊時的思考推斷過程，包括個人的判斷、思量、分析與認知[33]。

既要談資訊的處理，就得先談資訊。美食家需要處理什麼樣的資訊？

我認爲，美食家需要的資訊，就是詹宏志先生所說的《旅行與讀書》，就是實地體驗與文本知識的總和。美食家必須不斷地累積飲食經驗，擴展視野與胸襟，「享受」之後，還得回家做功課，爬梳飲食背後的風土民情、淵遠流長。美食家任重道遠的理由也就在此，畢竟風景是一輩子看不完的，書也是一輩子讀不完的，就算給你二輩子、三輩子，也未必能嘗盡天下美食，遑論研究其所以然。

美食的世界有多浩瀚？

這牽涉到「美食學」——研究食物及飲食文化的科學[34]。

美食家祖師爺布西亞·薩瓦蘭二百多年前就闡述了美食學的創見。他認爲「美食學是對人類營養問題的理性闡釋」，爲尋覓、供給或準備食物的人提供指導和幫助，也爲所有參與食品工業的人提供服務，「其中囊括了農民、漁民、獵人、葡萄種植者、各類廚師，以及享有食品相關的稱號和從業資格的人員。」[35]薩瓦蘭版本的美食學，包括自然史、物理學、化學、烹飪、商業、政治經濟學。

慢食運動的發起人卡羅·佩屈尼則進一步擴大美食學的內涵與範圍。事實上，佩屈尼視薩瓦蘭為一代宗師，稱他為「現代美食學誕生的重要指標」[36]。站在巨人的肩膀上，佩屈尼期許建立「新美食學」，使這門科學成為「一個人吃東西時所有合乎邏輯的知識」，適合任何人來學習，人們能因此了解何謂品質，選擇食物時更有判準[37]。

佩屈尼心目中的美食學，包山包海[38]：

- 植物學、基因學、其他自然科學
- 物理學、化學
- 農業、畜牧業、農藝學
- 生態學
- 人類學
- 社會學
- 地緣政治學
- 政治經濟學
- 貿易
- 科技與工業

- 烹飪
- 生理學
- 醫學
- 哲學認識論

一個人若能理解以上學科，豈止美食家，簡直是一位完人了！佩屈尼對於美食家的期許，仰之彌高，而他振振有詞：「美食家的責任是要成爲博學的人，而不是單一的植物學家、物理學家、化學家、社會學家、農民、廚師或醫生。」他要求美食家配備這些和食物相關的專門領域知識，「才能明白他所吃的東西」，並且，「當那些專家視他爲業餘者時，他不能被嚇到。」[39]

不過那境界實在太高。如果務實一點，幫美食家開個飲食主題書單，以下類別與範例，不妨參考：

- 食材：《蔬食風味聖經》、《肉品聖經：牛、羊、豬、禽，品種、產地、飼養、切割、烹調，最全面的肉品百科知識與料理之道，嗜肉好煮之人最渴望擁有的廚藝工具書》、《餐桌上的魚百科：跟著魚汎吃好魚，從挑

選、保存、處理、熟成到料理的全食材事典》

- 食譜：《黃婉玲經典重現失傳的台菜譜：40道阿舍菜、酒家菜、嫁妝菜、辦桌菜、家常菜，詳細步驟示範讓你也能成爲台菜傳人》、《傅培梅的中國名菜精選》、《法式料理聖經》
- 烹飪的科學：《現代主義烹調》、《食物與廚藝》、《料理科學：大廚說不出的美味祕密，一五〇個最有趣的烹飪現象與原理》
- 品嘗的科學：《口感科學》、《味覺獵人》、《美味的科學：從擺盤、食器到用餐情境的飲食新科學》
- 飲食文化：《台灣菜的文化史》、《烹飪、菜餚與階級》、《雜食者的兩難》
- 飲食文學：《紅燜廚娘》、《魚翅與花椒》、《老派少女購物指南》
- 飲食與哲學：《吃的美德：餐桌上的哲學思考》、《飲食的哲學——餐桌上的感官認知體驗》、《慢食》
- 餐飲業與主廚：《廚房機密檔案》、《一個主廚的誕生》、《吃顆桃子》

你正面對著書牆垂頭喪氣嗎？好消息是，AI的時代來了。我寫作的此刻，ChatGPT已能自動生成有模有樣的料理介紹文章。這意味著資料堆疊型的美食寫作，例如小吃百科全書，價值將愈來愈低，機器將愈來愈能取代人類。而我認爲這是好事。我相信AI能加速人類獲取知識、融會貫通的速度，與此同時，人類對於知識的要求將會提高——我們將更渴望令人腦袋亮燈的獨特洞見。

如果美食家是一種意見領袖，他應具備的資訊處理能力是，善用工具整理知識，建構宏觀的知識架構，在他思考的過程中，將知識與知識連連看，觀點與洞察也將從中而生。

同一時間，美食家仍要繼續累積飲食體驗，在體驗與知識之間來回涵攝，進行思辯。這將培養出美食家的論述能力；能爲美食提出論述，也是區別美食家與業餘饕客的重要指標。

最終，美食家提出的美食論述，必須能影響大眾對於吃的看法，並因而採取行動。

美食家祖師爺薩瓦蘭是絕佳範例。明明他是法學家與政治家，不是以美食爲業的人，唯一的美食論著《味覺生理學》也是在人生最後一年才動筆，死前二個月才出版，卻能流傳至今，跨越三個世紀不墜。原因就是，薩瓦蘭為美食提出了堅強的論述。

已經被引用到接近陳腔濫調的「告訴我你吃什麼，我就知道你是什麼樣的人」，就是薩瓦蘭的金句。除此之外，他還說過「動物餵飽自己，人類吃飯，但只有智者才懂得如何吃」；「餐桌是唯一永不使人煩悶的地方」；「消化不良者和酗酒之徒都是對飲食藝術一無所知的人」；「以造福人類的程度來說，發明一道新菜的意義遠遠超過發現一顆新星」[40]。

假如薩瓦蘭生在現代，他金句連發的才華，肯定能讓他成為百萬網紅。

三、科技使用

專業知能中的「科技使用」，是指「個人利用外在的物質情境或是科技環境，藉各種工具、介面，擴張其資訊處理能力」[41]。在前一節，我已經將美食家的資訊處理能力定調為獲取知識再形成論述，那麼，美食家的科技使用，就是他如何利用外在的工具或環境，因而幫助他產生論述、擴散論述。亦即，美食家如何成爲一位意見領袖。

這預設了美食家必須廣爲人知。美食家難道不能不出世嗎？高手在民間，這世上有許多懂吃識食、見多識廣的美食愛好者，是低調安靜的，諸如企業老闆、家族二代，律師、醫師、銀行家等白領菁英，教授、學者、作家等文人雅士，往往不張揚自己投注在飲食上的心血。他們未必要成爲公共意見的領袖，然而，他們的美食實力可能比檯面上的人物還深不見底。

不出世的美食家，卻不符合我們前面所說，英國社會學家門內爾對於美食家的定義：「美食家不僅僅是一位講究吃喝的行家，他同時是飲食品味的理論家與宣傳者。」美食家具備指引大眾的社會角色，當餐廳成爲廚師的全新舞台，醞釀出用餐大眾，美食家可以提供更清晰可靠的，有關用餐的公共意見。他必須是一位意見領袖。

意見領袖怎麼當？傳統媒體與社群媒體的世代差異，須分別討論。而我認爲，數位時代原生的美食家，就是懂得經營社群的自媒體。

傳統媒體

出書著述向來是意見領袖發表言論、孕育影響力的有效方式。自古以來，流傳後世的美食家，絕大多數留有作品，本書提及的每一位美食家，都有撰寫著作，或由他人記述其事蹟。

傳統媒體可指書籍、雜誌、報紙、廣播、電視[42]。

台灣近代美食家的誕生，就仰賴文本的力量。以胡天蘭為例，她在奠定美食家地位前，已是一位媒體人，一九八六年擔任室內設計雜誌《摩登家庭》主編，同時期受邀為財經雜誌《統領》、婦女雜誌《家庭月刊》撰寫餐飲專欄；一九九三年《家庭月刊》開始做美食專題，胡天蘭也於此時擔任外稿記者；後來撰寫華航機上雜誌專欄，並加入《大成報》，擔任家庭消費版主編，「並陸續在《中國時報》、《聯合報》、《自由時報》、《工商時報》、《商業周刊》、《錢櫃雜誌》、《休閒生活雜誌》、《女性雜誌》、《幼獅雜誌》、《飲食雜誌》寫過專欄」[43]。一九九六年她出版《TOP台灣小吃一百點》，「成為市場上飲食據點書籍出版的前幾人，帶動台灣飲食據點出版風潮」[44]，至今共有八本著作，最近一本是二〇一七年出版的《天蘭尋味：胡天蘭的美味點評一〇一》。

胡天蘭牢牢掌握了傳統媒體的發行渠道。雜誌、報紙、書籍三棲，亦主持廣播節目，擔任美食競賽評審與美食顧問都是後話了，影響力的源頭仍在於媒體賦予的話語權。那是大家看同樣的電視台，聽同樣的歌曲，捧紅同樣的明星的年代，媒體資源是稀有財，資訊的傳播只有單向，由上到下的宰制視角。若要論美食家需要具備的「科技使用」能力，不是什麼紙筆、電腦打字、底片相機或數位相機等等設備差異，而是他如何進入體制內，取得發行渠道的綠燈。

社群媒體

在一支手機打天下的社群時代，還需要爲十數個報章雜誌寫專欄嗎？現實是，報章雜誌捧著銀子來請你寫，你都未必想寫。一方面是，那些銀子實在杯水車薪，這是這時代文字工作者的悲哀；二方面是，社群媒體將發行渠道分散了，閱聽人都能一時興起當個創作者，資訊傳播也從以前的「點對面」變成「多點對多點」，傳統媒體不再壟斷大眾傳播，支配的地位也被削弱㊺。人人都可是媒體，成名不如靠自己。在Web 2.0時代，想當一位意見領袖，有更方便、更有效的手段。

Web 2.0和Web 1.0的差異，也類似傳統媒體與社群媒體的對比。Web 1.0是全球資訊網發展的第一階段，約莫是一九九一年至二〇〇四年，絕大多數的使用者只是內容的消費者，就如我們收看電視、閱讀報章雜誌一樣；Web 2.0則將網路變成人與人溝通的平台，使用者可以成爲內容的生產者，也是內容的消費者，網路的使用強調互動、分享、連結。Web 2.0的概念從九〇年代末發展至今，典型的應用有：網路社群、網路應用程式、社群網站、部落格、維基百科等等[46]。

此時此刻，一個人若想成爲美食家，在發表言論的環節，輕而易舉。社群平台任君挑選，部落格、Facebook、X（以前的Twitter）、Instagram、Tiktok、YouTube以及其他，我相信大多數人擁有不只一個平台帳號，可多可寡，端看你的社群經營策略。

社群經營策略，才是我認爲的，一位美食家志願者必須具備的「科技使用」能力。

這絕非只是用不用手機拍照、修圖，使用什麼應用軟體或直播濾鏡。當然，你得活到老學到老，比方說現在IG Reels、Tiktok、YouTube Shorts等短影音當道，你懂不懂得用手機或相機錄製影像，再用APP剪輯成爲節奏明快的吸睛影片？如果剪輯影片門檻太高，那麼限時動態呢？資策會產業情報研究所（MIC）在二〇二一年針對台灣網友的社群與通訊使用行爲進行調查，指出「限時動態」已成爲二〇二一年最吸引網友的資訊形式[47]。你知道限時動態該怎麼經營，才能鞏固粉絲的忠誠度，並觸及潛在的觀眾嗎？來到二〇二三年，英國顧問公司「We Are Social」發表台灣網路使用報告《Digital 2023: TAIWAN》，指出全台灣約有二千零二十萬的社群平台用戶，佔全國人口百分之八十四・五，而每個社群用戶每月平均會使用六種不同平台，顯示台灣網路用戶多元的使用行爲[48]。

我的重點是，社群媒體瞬息萬變，必須不斷迭代才能跟上時代。每一個社群平台都有興起時的流量紅利，推出新功能時也會有紅利放送，在對的時間點做對的事情，就能搭上順風車。

以我本身而言，我在二〇一一年三月在「Blogger」上成立部落格「美食家的自學之路」，同年六月開設同名臉書粉絲專頁，初期取得追蹤者的成本不費一毛，零廣告投放也能順利漲粉，累積至此刻（二〇二三年十月）有超過十七萬五千名追蹤者，可以說我是臉書世代的創作者。我同時經營Instagram，從二〇一三年到二〇一五年都是未公開的私人帳號，二〇一五年公開以後，很長一段時間以臉書爲主、Instagram爲輔，卻也目睹Instagram原生世代影響力超越臉書世代的一幕，且相較於臉書，Instagram更容易與海外的餐廳、主廚、美食同好連結，我才改變策略。

二〇二〇年七月，我開設臉書電商社團「美食加的口袋名單」，當時粉絲專頁觸及不穩定，性質屬於私域流量的社團一度成爲臉書新一代流量紅利池，也是用自然流量變現的一種主流模式；同年五月，我也踏入Podcast的領域，製播《美食關鍵詞》，並在二〇二二年入選 Apple Podcasts 「二〇二二年編輯精選節目」。二〇二二年三月，我開啓YouTube頻道《Liz的美食家自學之路》，則是有感於臉書互動率持續下滑（二〇二三年臉書貼文整體互動率僅剩百分之〇・〇八）[49]，Instagram需透過短影音Reels漲粉，對我擅長的文字書寫不利，而YouTube是後台數據與商業模式最清楚的平台，進入門檻較高，商業價值也較高，才轉身投入。

舉自身經驗爲例，只是想說明，在社群時代做個網紅，必須以變應萬變，不進則退千眞萬確。也許你只能搭一次順風車，之後都望著別人的車尾燈，但別嘆氣，繼續前進，因爲不發動引擎的後果就是被塵土淹沒。

在這個時代，想當一位美食家，固然可以依循傳統途徑出書、寫專欄，那仍是一種有效的文化資本，美食家志願者卻不可以沒有經營社群媒體的自覺。這是在累積飲食體驗、充實各領域知識之餘，另一項美食家必須磨練的技能。

美食家就是自媒體，我是如此認爲。

四、集體協作

專業知能中的「集體協作」是指「個人藉由關係網絡取得資源的能力」[50]，可理解爲人脈、人際關係，也是布赫迪厄所說的社會資本，即個人或團體擁有的社會關係總體[51]。

美食家需要具備的專業知能中，這恐怕是最難以捉摸的關卡。一個美食家志願者，即便已經累積了豐富的飲食經驗與相關知識，也懂得經營社群，卻可能欠缺一張踏進「飲食圈」的入場券。也許是，最難訂位餐廳的訂位熱線，尚未開幕的新餐廳試菜，空前絕後的餐會邀請函，或者和大廚一起吃宵夜，拜訪他的私人愛店。

話說回來，假設這位美食家志願者，飲食經驗與知識受到肯定，擁有一群粉絲，那麼他獲得這張入場券也是遲早的事。

具體來說，飲食評論工作涉及的人際關係有哪些？依我閱讀的資料和自身經驗，可分為四類：同業、媒體、行銷或公關、餐廳主廚與業主[52]。

同業，顧名思義是指同樣在從事飲食評論與內容創作的工作者，例如美食部落客、網紅、作者之間，通常是一群美食同好。這樣的同業網路，經常在吃飯的場合結識並串連。

媒體，則是飲食評論工作者與任職於媒體的美食記者、美食編輯的人際網路，也可說是自雇的網紅和主流媒體間的串連。媒體有時需要網紅提供內容，例如邀稿、參加活動、接受採訪，網紅也能因此獲得其他渠道的曝光，雙方互動為互惠性質。

行銷或公關，可以橋接飲食評論工作者和餐廳，邀約飲食評論工作者至餐廳開幕、試菜、特殊餐會或其他活動。

餐廳主廚與業主，則是飲食評論工作者在用餐、採訪的過程中，經常結識的人脈。不必然是透過公關邀請，自己去用餐也能主動認識；如果經常去餐廳消費，成為常客，也是天經地義。

以上關係，大多在餐桌上發生，能坐上什麼餐桌，也成了美食家重要的社會資本。如何能累積飲食界的社會資本？在社群媒體時代，這件事已經變簡單了。相較於過往只有傳統媒體掌握這等人脈，社群媒體將話語權下放給所有人，如果你勤於踩點吃食，勤於發表內容，累積了讀者、觀眾與粉絲，你就提高了自己收到邀請、坐上重要飯桌的機會。

除了單一餐桌，還有一種餐飲界社會資本大量流通的場合，是美食獎項、美食節或美食論壇等大型活動。世界五十最佳餐廳、亞洲五十最佳餐廳的頒獎典禮與其相關餐會、講座是一代表，在這裡可以認識大量的餐廳主廚與業主、美食記者與意見領袖、食材與酒等餐飲上下游業者、公關公司與行銷公司；近幾年也勤於辦頒獎典禮與晚宴的米其林亦然。國家或城市舉辦的美食美酒節（例如墨爾本美食美酒節、夏威夷美食美酒節），或者訴求高層次議題的美食論壇，例如由Noma餐廳創辦人創立的MAD非營利組織，都是撒網捕獲人脈的特殊場合。

閱讀至此，可能有人舉手喊停。美食家不是該匿名嗎？不是不能接受招待嗎？怎麼還能結交這些人脈？

如果按照《紐約時報》爲餐廳評論人建立的最嚴格的標準，是的，歷任餐廳評論人都用化名訂位、自掏腰包，也不和餐飲業內人士往來。讓我再度引用《紐約時報》現任餐廳評論人威爾斯的話語：「和你必須毫不猶豫摧毀的人變得親近是很危險的。」

不過，在社群媒體滲透生活，個人資訊彈指之間的年代，美食家還有匿名的必要嗎？重點是，他還有匿名的可能嗎？答案是否。尤其，當我們談論社群時代原生的美食家，必須仰賴網路上的不特定人士協助擴散內容，數位足跡到處都是，即便不露臉，餐廳也很容易把網路身分和眞實本人配對。美食家前輩喬納森·古德就在二〇一五年「公然出櫃」，認爲這種「躲貓貓遊戲」很沒意思。（請參閱本書四十六頁）

那麼，美食家是否能接受招待呢？

我認爲，這部分的挑戰不在於「是否開啓一段關係」，而在於「如何維持一段關係」。意思是，美食家如何「不吃人手軟」，在發表內容時，既能兼顧知識性與可看性，提供有意義的觀點，又能踩住底線，不刻意傷害人。

其實，很多人還忽略了一種美食家也必須避免的情況，就是，因為是自己消費而變得特別殘酷。你必須知道自己的言論的分量，只有說話不顧後果的人，或者其後果沒人在意的人，才有放肆批評的天真。

反之，美食家也要有一種底氣，深知自己言論的重量，即便是接受招待的場合，因為發言有公益性，還是提供有建設性的批評。請注意，重點是「有建設性」，餐廳能因此獲得裨益、改善提升，消費者也能學到觀點或判準。

有關飲食評論的核心原則是，傳遞飲食文化與知識，讓觀看者能因此學到點什麼。不惡意批評，是因為這關係著別人的生計。

《紐約時報》現任餐廳評論人威爾斯說得有道理：「負評可能會傷害規模相對小的餐廳事業，如果我要寫負評，只有當我認為我的讀者可能會因為對方已經建立的名氣而花冤枉錢時。這樣的餐廳可能隸屬於某位名廚或某個口袋深的餐飲集團，或其本身的歷史與文化重要性已經超越了他所處的社區。」（請參閱本書五〇頁）

再度以我自身經驗舉例，曾經有一次，我受邀品嘗新餐廳，卻因體驗不盡如意而下筆斟酌。一例是主廚是外籍人士，不太能拿捏台灣食材的應用與台灣市場的口味，套餐安排的起承轉合也不盡理想，但是無酒精飲料搭餐做得好，我於是「隱惡揚善」，稱讚他們做得好的地方，並期許未來發展。

另一個例子是，深耕台灣的主廚新開一間挑戰價格天花板的餐廳，大量使用進口食材，採用雙主菜，甜點分量也特多，似乎想用這些手法來正當化訂價。一樣，我稱讚做得好的菜色，卻也把我觀察到的現象，用客觀的方式敘述，並導引到大的趨勢，例如：台灣味的發展是否已到瓶頸？台灣fine dining市場是否已然成熟？

如果遭遇很不理想的用餐狀況，即便是接受招待，與其找不到好話可說，不如就不發表；如果可以，請在現場告知意見，直接溝通是一種善意。爲了避免這種窘境，必須在接到邀請時先行判斷，如果餐廳不適合，就直接拒絕邀約。

經營人脈講求互相尊重，有借有還。在餐飲江湖走跳的祕訣，不過如此。

❶ 劉怡安，《飲食評論工作者的形塑之路——從傳統到數位媒體的轉向》p.22，國立政治大學傳播學院碩士在職專班碩士論文，二〇二三年六月。

❷ 劉怡安，《飲食評論工作者的形塑之路——從傳統到數位媒體的轉向》p.25，國立政治大學傳播學院碩士在職專班碩士論文，二〇二三年六月。

❸ 劉怡安，《飲食評論工作者的形塑之路——從傳統到數位媒體的轉向》pp.23-24，國立政治大學傳播學院碩士在職專班碩士論文，二〇二三年六月。

❹ 依據劉怡安的定義，「飲食評論」涵蓋一般泛稱飲食論述、美食紀錄、食評、食記等，係指與飲食體驗有關的論述內容，將美食經驗形塑為一種包含感性與理性的科學，其形式囊括文字、圖片、影像、聲音，傳遞的意涵包含飲食的感官層次、心理感覺、人生滋味、文化觀察與飲食資訊情報等。「飲食評論工作者」則是以此為專業的工作者，透過媒體專欄、書籍出版、或是網路社群等管道提供大眾飲食建議指南。劉怡安，《飲食評論工作者的形塑之路——從傳統到數位媒體的轉向》p.8，國立政治大學傳播學院碩士在職專班碩士論文，二〇二三年六月。

❺ 劉怡安，《飲食評論工作者的形塑之路——從傳統到數位媒體的轉向》p.27，國立政治大學傳播學院碩士在職專班碩士論文，二〇二三年六月。

❻ 李惠琳《新聞記者之核心能力初探——在地文獻的回顧》，政治大學傳播學院碩士在職專班學位論文，二〇一〇

❼ 所謂「個人vs.集體」、「認知導向vs.情意導向」，引用劉怡安原文：「(一)、個

人vs.集體，以能力來源做分類，可分為：個人或集體的能力。個人能力係指存於個人的思考、分析、認知力，與其內在思考與判斷的過程。但如同上述說明，我們也發現能力並非僅存於個人，亦存於工具、介面、人脈等情境中。人們擁有配置型智能(distribution of cognition)，可藉由外在與認知物或社會網絡的互動來展現或延伸其能力，此部分則可稱為「集體」能力。(二)、認知導向vs.情意導向，除以能力來源做區分，第二個軸線則以能力型態做區分。如同Spencer & Spencer(一九九三)所言，將五種能力包括：知識、技能、動機、特質和自我概念，依看得見的表面和較為隱藏的內在分為冰山的上下兩部分。該研究將其區分為「認知導向」及「情意導向」。「認知導向」包含一個人對知識的理解、記憶、應用、分析等的認知領域和以身體肌肉或動作的技能的操作為主的技動領域。因知識與技能兩者息息相關，故同以「認知導向」做討論，另一個「情意導向」則以偏重一個人對其他人、事、物的態度、價值及情緒等情意領域面向。」劉怡安，《飲食評論工作者的形塑之路——從傳統到數位媒體的轉向》p.37，國立政治大學傳播學院碩士在職專班碩士論文，二〇二二年六月。

❽ 劉怡安，《飲食評論工作者的形塑之路——從傳統到數位媒體的轉向》p.38，國立政治大學傳播學院碩士在職專班碩士論文，二〇二二年六月。

❾ 劉怡安，《飲食評論工作者的形塑之路——從傳統到數位媒體的轉向》p.51，國立政治大學傳播學院碩士在職專班碩士論文，二〇二二年六月。

❿ Toyz，《再次踩雷米其林二星餐廳！融合法國與台灣的"創意"料理？意外的讓

Toyz不惜被告也要說實話！【摘星計畫】》，二〇一九年十二月十五日。https://www.youtube.com/watch?v=R58yTMZ0KWU&list=PLI-aicPaHOsvPnxx4ZTmDp-7Bon-N6-c2c&index=10

⓫ 莎拉．E．沃斯，《飲食的哲學——餐桌上的感官認知體驗》pp.22-23，本事出版，二〇二三年二月。

⓬ 莎拉．E．沃斯，《飲食的哲學——餐桌上的感官認知體驗》p.20，本事出版，二〇二三年二月

⓭ 莎拉．E．沃斯，《飲食的哲學——餐桌上的感官認知體驗》p.26，本事出版，二〇二三年二月。

⓮ 莎拉．E．沃斯，《飲食的哲學——餐桌上的感官認知體驗》pp.29-31, p.37，本事出版，二〇二三年二月。

⓯ 莎拉．E．沃斯，《飲食的哲學——餐桌上的感官認知體驗》p.30，本事出版，二〇二三年二月。

⓰ 莎拉．E．沃斯，《飲食的哲學——餐桌上的感官認知體驗》p.30，本事出版，二〇二三年二月。

⓱ 莎拉．E．沃斯，《飲食的哲學——餐桌上的感官認知體驗》p.31，本事出版，二〇二三年二月。

⓲ 莎拉．E．沃斯，《飲食的哲學——餐桌上的感官認知體驗》pp.37-38，本事出版，

二〇二三年二月。

⓳朋尼維茲（Patrice Bonnewitz），《布赫迪厄社會學的第一課》（*Premieres lecons sur La sociologie de Pierre Bourdieu*）p.73，麥田出版，二〇〇二年三月。

⓴朋尼維茲，《布赫迪厄社會學的第一課》pp.76-78，麥田出版，二〇〇二年三月。邱德亮完整翻譯的台灣中文版《區判》，則將布赫迪厄的三種階級翻譯為支配階級、中產階級、普羅大眾。

㉑莎拉．E．沃斯，《飲食的哲學——餐桌上的感官認知體驗》p.38，本事出版，二〇二三年二月。

㉒莎拉．E．沃斯，《飲食的哲學——餐桌上的感官認知體驗》pp.38-40，本事出版，二〇二三年二月。

㉓莎拉．E．沃斯，《飲食的哲學——餐桌上的感官認知體驗》p.39，本事出版，二〇二三年二月。

㉔喬西．強斯頓（Josée Johnston）、塞恩．包曼（Shyon Baumann），《饕客：美食地景中的民主與區辨》（*Foodies: Democracy and Distinction in the Gourmet Food-scape*）p.76，群學出版有限公司，二〇一八年一月。

㉕高琹雯，《Liz 關鍵詞：美食家的自學之路與口袋名單》p.20，二魚文化，二〇一九年四月。

㉖高琹雯，《Liz 關鍵詞：美食家的自學之路與口袋名單》p.21，二魚文化，二〇一九年

四月。

㉗莎拉・E・沃斯，《飲食的哲學——餐桌上的感官認知體驗》p.41，本事出版，二〇二三年二月。

㉘莎拉・E・沃斯，《飲食的哲學——餐桌上的感官認知體驗》p.46，本事出版，二〇二三年二月。

㉙莎拉・E・沃斯，《飲食的哲學——餐桌上的感官認知體驗》p.42，本事出版，二〇二三年二月。

㉚莎拉・E・沃斯，《飲食的哲學——餐桌上的感官認知體驗》p.42，本事出版，二〇二三年二月。

㉛梅蘭妮・穆爾（Melanie Mühl）、狄安娜・馮寇普（Diana von Kopp），《吃的藝術：42個飲食行為的思考偏誤》（*Die Kunst des klugen Essens: 42 verblüffende Ernährungswahrheiten*）pp.42-43，商周出版，二〇一七年九月。

㉜莎拉・E・沃斯，《飲食的哲學——餐桌上的感官認知體驗》p.52，本事出版，二〇二三年二月。

㉝劉怡安，《飲食評論工作者的形塑之路——從傳統到數位媒體的轉向》p.59，國立政治大學傳播學院碩士在職專班碩士論文，二〇二三年六月。

㉞卡羅・佩屈尼，《慢食新世界》p.68，商周出版，二〇〇九年。

㉟布西亞・薩瓦蘭，《美味的饗宴：法國美食家談吃》p.55，時報文化，二〇一五年八月。

㊱ 卡羅．佩屈尼，《慢食新世界》p.75，商周出版，二〇〇九年。

㊲ 卡羅．佩屈尼，《慢食新世界》p.88，商周出版，二〇〇九年五月。

㊳ 卡羅．佩屈尼，《慢食新世界》pp.88-89，商周出版，二〇〇九年五月。

㊴ 卡羅．佩屈尼，《慢食新世界》p.125，商周出版，二〇〇九年五月。

㊵ 布西亞．薩瓦蘭，《美味的饗宴：法國美食家談吃》p.16，時報文化，二〇一五年八月。

㊶ 劉怡安，《飲食評論工作者的形塑之路——從傳統到數位媒體的轉向》p.68，國立政治大學傳播學院碩士在職專班碩士論文，二〇二二年六月。

㊷ 在此並未討論廣播與電視。沒有討論廣播是因為，美食家的論述以文字為主，我找不到僅因廣播節目而未出書著述成為美食家的例子；沒有討論電視是因為，美食電視節目的主持人，例如《美鳳有約》陳美鳳，《型男大主廚》曾國城，並不具備美食家形象（雖然這是個值得探討的有趣現象）；其他因電視而知名的廚師，如阿基師、詹姆士，因主廚形象鮮明，也不會被稱為美食家。

㊸ 馮忠恬，《「食話食說」——台灣美食家的探索性研究（一九九五-二〇〇八）》p.54，國立臺灣大學社會科學院社會學系碩士論文，二〇〇九年七月。

㊹ 馮忠恬，《「食話食說」——台灣美食家的探索性研究（一九九五-二〇〇八）》p.54，國立臺灣大學社會科學院社會學系碩士論文，二〇〇九年七月。

㊺ 陳國祥，〈人人都是自媒體的時代，傳統媒體業該如何求新求變？〉，二〇二〇年三月。https://bookzone.cwgv.com.tw/article/17442

❹❻ 維基百科有關 Web 2.0 的解釋：https://zh.wikipedia.org/wiki/Web_2.0

❹❼【社群與通訊消費者調查系列一】「限動」最吸引網友 行銷掌握黃金 1 分鐘原則 網友起床優先看 Line 群組 年輕族群更愛看 IG〉，二〇二一年十一月二十九日。https://mic.iii.org.tw/news.aspx?id=611&List=1

❹❽ 二〇二三台灣網路使用報告：百分之九十五民眾透過手機上網，八大重點洞察一次看〉，關鍵評論網，二〇二三年三月十三日。https://www.thenewslens.com/article/182274/fullpage

❹❾ 二〇二三台灣社群媒體重點數據：誰是社群霸主？臉書還有人在用嗎？〉，遠見，二〇二三年三月二十三日。https://www.gvm.com.tw/article/100985

❺⓿ 劉怡安，《飲食評論工作者的形塑之路——從傳統到數位媒體的轉向》p.72，國立政治大學傳播學院碩士在職專班碩士論文，二〇二二年六月。

❺❶ 朋尼維茲，《布赫迪厄社會學的第一課》p.73，麥田出版，二〇〇二年三月。

❺❷ 劉怡安，《飲食評論工作者的形塑之路——從傳統到數位媒體的轉向》p.72，國立政治大學傳播學院碩士在職專班碩士論文，二〇二二年六月。

美食家如何獲得大眾認同

美食家志願者，即便具備了前述四種專業知能，卻還有一關大魔王必須攻克：被眾人認可，獲得美食家的地位與名望。

這即是，美食家前輩們想拒絕也拒絕不了的，眾口鑠金。人們相信存在就存在，人們說你是你就是。美食家的養成來到這臨門一腳，十足虛無飄渺。你怎麼控制別人對你的看法？

其實，是有方法的。布赫迪厄的文化社會學有關「象徵鬥爭」的理論，提供了具體的解釋。

美食家具備某種崇高的地位，代表他在所屬的「飲食圈」裡佔據了一個有利的位置。讓我們把「飲食圈」想像成一個具體的空間，這個空間是社會分工下的一個小社會，也就是布赫迪厄定義的「場域」。每個場域有各自的運作邏輯，藝術的場域、宗教的場域、經濟的場域都不相同，身處其中的人，亦即社會行動者，也依據不同的規則與彼此互動，或者說，競爭❶。

那麼，一個人在某個場域裡的位置是如何被決定的？布赫迪厄說，依據他所擁有的資本總量與資本結構而決定。在這裡，資本不只是經濟學裡的生產要素，而衍生出四種形式）：經濟資本、文化資本、社會資本、象徵資本。（請參閱本書一五八頁）

這四種資本，都是一個人在社會上走跳的本錢，他若想在某個場域裡爭取對自己有利的位置，就要運用各種形式的資本，而每一種資本，都具有支配性力量。例如大學教授，通常擁有名校學歷與學術研究經驗，文化資本佔優；中小企業主，若求學過程較短，卻繼承了家業或白手起家，則經濟資本佔優。不同形式的資本是可以互相轉換的，例如有家產者將部分可以傳承的資產投資在下一代的教育上，使子孫取得經認可的學歷文憑（文化資本），就是一種資本的轉換。而在各種資本的轉換中，轉換爲象徵資本是最有力的展現，亦即，由於資產、學歷或教養、人際關係被認可，而取得的名聲或地位，在社會上是很有優勢的。

你發現了嗎？探討美食家的地位如何而來，就是要探討象徵資本；而探討象徵資本的重點，就是其他三種資本如何能轉換為象徵資本。再換句話說，象徵資本是一種他人賦予的信譽，他人承認你所擁有的正面特質❷。這樣的社會認同，可能靠家族姓氏、國籍、職業、宗教或社會階級等等，這些隸屬都是標籤，使他人承認你的特性。如果在某個場域裡，一個人成功地使他人認可其聲稱擁有的資本，這個人就可以從「不過是想像的特性」中，獲取實際利益❸。

取得認可的過程，就是一種合法化的過程。你有思考過嗎？一種文化是怎麼變成合法的文化呢？所謂的「合法」並不是字面上的，合乎法律規定的意思，而是眾人甘心接受的狀態。依據布赫迪厄的說法，這是一種「象徵的鬥爭」，其目的在於「強迫眾人接受某一種符合社會行動者利益的世界觀」❹。這牽涉到現存秩序的維持或改變，「除非永遠只靠武力來維持，否則所有的社會宰制都必須被承認及被接受為合法的宰制。這表示需要一種象徵權力的運用，以灌輸某種意義，使其成為合法的意義，同時掩飾作為其力量根基的權力關係。」❺

主流意見，不必再來回辯論的信仰、成見、自明之理，就是經過這種灌輸的過程❻。制度就是一種有效的灌輸，例如考試與測驗、證照、授與頭銜的儀式、獎項評比。爲什麼美食家難以「合法地」自稱爲美食家？就是因爲美食家欠缺認證的制度，沒有美食家考試、沒有美食家學位，象徵資本的累積才如此艱辛。醫生會有這個問題嗎？律師呢？考取應有的學位與證照，通過實習的審核，就取得身分。甚至，連米其林星級主廚取得象徵資本，都比美食家容易。（米其林星星可不是給美食家摘的！）

飲食策展人馮忠恬，曾以布赫迪厄的文化社會學理論來分析美食家的合法性權源。她認爲，「在美食論述場域裡，美食家們爭奪的往往不是商業上的價值，而是誰能擁有闡釋美食的合法權？也就是誰有足夠的專業、資歷、文化、使命，對食物進行權威性的論述？」❼依據她的研究，美食家的文化資本是很重要的，其文化資本可透過「美食工作的年資、曾經歷過的美食體驗、自小的美食浸淫、閱讀過的書籍」來取得；象徵資本則需仰賴文化資本與社會資本的轉換。美食家必須同時累積文化資本與象徵資本，才能在美食論述場域裡佔有一席之地❽。

馮忠恬並舉她心目中的五位美食家爲例，包括胡天蘭、焦桐、葉怡蘭、吳恩文、王浩一，來說明他們各自成爲美食家的合法化途徑。例如，胡天蘭是「從記者到美食家」，二十多年的美食工作經驗，以及自小家庭的美食涵養，讓她累積了豐富的文化資本，「利用平面、電子、部落格等媒體爲平台，呈現出『爲消費者把關』、爲『飲食文化』努力、『客觀公正』評述的非功利形象，因而取得美食場域的合法論述權」❾；焦桐是「從詩人到美食家」，在轉進飲食文學、飲食文化領域前，已經因文學家的身分累積了文化資本與社會資本，後來出版飲食書籍、雜誌、餐館評鑑，則把文學場域內的文化資本與社會資本轉換爲美食場域內的象徵資本❿；葉怡蘭則是「從自由寫作者到美食家」，藉由《Yilan 美食生活玩家》電子報與網站的成立，先在網路累積了文化資本與象徵資本，並出版著作、經營食品雜貨鋪，打造出講究美好生活風格的個人品牌，因而取得美食場域的合法論述權。

美食家的合法化過程中，取得文化資本並轉換成象徵資本是關鍵，然而，經濟資本就不重要嗎？事實上，美食家的文化資本中，深厚的美食經驗積累，不得不仰賴經濟資本。尤其在「世界五十最佳餐廳」相關榜單崛起後，環遊世界攻克餐廳的「飛行美食家」（globe-trotting foodies），形成一種獨特的生態圈，他們不是在餐廳裡，就是在去餐廳的路上。不需要上班，不被死薪水綁架，這些以吃爲人生職志的人，絕大多數是資產階級。

吃餐廳也成了一種文化資本，且是從經濟資本轉換而來，Instagram上有頗多這類飛行美食家，光鮮亮麗的生活方式，招來粉絲崇拜。將此現象更具體彰顯出來的地方，則是另一個餐廳榜單「Opinionated About Dining」（簡稱「OAD」）。OAD號稱是唯一一份考量評審員飲食經驗値的餐飲評鑑，他們爲評審員打分數，評估他造訪餐廳的質與量，分數越高的人，投的票就越有影響力。OAD甚至每年公布排審員的百大排名，連同他們的Instagram帳號、部落格網址一起公開，活脫脫是一份現成的餐飲公關邀請名冊。換個角度來看，這似乎是一種另類的「美食家榜單」，與名字相連的數字，是否即象徵資本的積分呢？

❶朋尼維茲，《布赫迪厄社會學的第一課》pp.70-80，麥田出版，二〇〇二年三月。

❷朋尼維茲，《布赫迪厄社會學的第一課》p.132，麥田出版，二〇〇二年三月。

❸朋尼維茲，《布赫迪厄社會學的第一課》p.133，麥田出版，二〇〇二年三月。

❹朋尼維茲，《布赫迪厄社會學的第一課》p.126，麥田出版，二〇〇二年三月。

❺朋尼維茲，《布赫迪厄社會學的第一課》p.127，麥田出版，二〇〇二年三月。

❻朋尼維茲，《布赫迪厄社會學的第一課》p.129，麥田出版，二〇〇二年三月。

❼馮忠恬，《「食話食說」——台灣美食家的探索性研究（一九九五-二〇〇八）》p.52，國立臺灣大學社會科學院社會學系碩士論文，二〇〇九年七月。

❽馮忠恬，《「食話食說」——台灣美食家的探索性研究（一九九五-二〇〇八）》p.52，國立臺灣大學社會科學院社會學系碩士論文，二〇〇九年七月。

❾馮忠恬，《「食話食說」——台灣美食家的探索性研究（一九九五-二〇〇八）》p.60，國立臺灣大學社會科學院社會學系碩士論文，二〇〇九年七月。

❿馮忠恬，《「食話食說」——台灣美食家的探索性研究（一九九五-二〇〇八）》pp.64-65，國立臺灣大學社會科學院社會學系碩士論文，二〇〇九年七月。

美食家是不是一種工作？

葉怡蘭認爲美食家不是一種工作，因爲美食家不見得需要營生。這句話描繪出來的形象，可能是一個懂吃的老饕，出身資產階級，擁有高經濟資本、高文化資本，不需要打卡上班。

的確，依照前述分析，一位美食家即便具備四種專業知能，也獲得社會認可的象徵資本，他也未必仰賴美食謀生。不說別的，OAD上的百大評審員，有多少人能靠吃餐廳賺錢？他們花錢吃飯，花錢買機票住旅館，從不必思量這些付出如何能回收經濟利益。

這並不代表，美食家就不能成爲一種工作。

讓我們回到朱宥勳在《作家生存攻略：作家新手村1技術篇》中的探討。關於作家的養成，他說，「入行」是指「第一次以文字或相關知識獲得報酬」，「專職」是指「能以文字或相關知識獲得足以支撐生活的報酬」。美食家比附援引，那麼，只要能以美食或相關知識獲得報酬，不論是否專職，就是一種工作；若要以美食或相關知識獲得足以支撐生活的報酬，成爲「專職」的美食家，就必須加倍努力。

美食家的工作有哪些？評論與推薦美食（包括餐廳、食材、菜色、職人等等），推廣飲食文化，這類內容創作，可以圖文、聲音、影片進行；擔任競賽評審、演講、主持活動、策展、顧問、代言，也都是美食家可以從事的工作。

事實上，這些都是社群時代意見領袖的業務打擊範圍。或許，一位專職的美食家，藉由美食的相關知能賺取足以支撐生活的報酬，就是好好當一位網紅。那意味著，專職的美食家就是自媒體經營者，而自媒體的生存攻略，相當於美食家的創業指南。

創業猶如跑馬拉松，只是沒有終點；美食家探索美食，免不了窮盡一生。美食家這份工作，沒有退休的一天，你想清楚了嗎？

美食家是一種蓋棺論定的身分

以上有關美食家的養成探討，是我的個人意見，或許武斷，然而我希望賦予美食家最嚴格的定義，也希望各該討論能破除某些針對美食家流傳已久的迷思，例如：美食家就是有錢的老饕？不，他還必須是一位意見領袖，能夠提出美食論述，影響大眾；美食家人人可當？不，不是只要能張嘴吃飯就能當美食家，他還必須具備四種專業知能；美食評論都是主觀的？不，純然主觀的批判，容易落入壞品味的陷阱；美食家可以自己宣稱？不，美食家的地位，是一種社會認可的象徵資本。

美食家可以是一種工作，也可以是一生的志業。事實上，後者更貼切，因爲美食家的生涯愈陳愈香，愈往後走愈有利，畢竟人的經歷見識，行走江湖所積累的各種資本，必須仰賴時間的經過。那麼，積累的結算，就是生命的盡頭，美食家的是與否，就由後人來說吧，自己是等不到畢業的成績單的。

美食家是一種蓋棺論定的身分。成爲美食家，永遠在路上。

第三章

台灣美食家專訪

徜徉享樂的祕密花園——葉怡蘭

葉怡蘭，飲食旅遊生活作家，《Yilan美食生活玩家》www.yilan.com.tw網站創辦人。享樂，是葉怡蘭關心的領域——包括飲食、設計、旅行、生活風格等等，寫作與研究領域自然也專注於此，橫跨飲食文化、食材、茶、酒、旅行與生活美學。堅信真正的「享樂」就像開啟一座祕密花園，得下工夫、花時間對其中森羅萬象的風景、門道，以至學問，都有充分的涉獵與理解，每一種感官都真切長久地感到喜悅與歡愉，才能獲得真正的至樂。著有《日日三餐，早・午・晚：葉怡蘭的20年廚事手記》、《紅茶經：葉怡蘭的20年尋味之旅》、《家的模樣：葉怡蘭的私宅改造讀本》、《好日好旅行》、《台灣生活滋味》等書。

「一直以來，我總是十分畏懼一個，經常加諸在我身上的稱謂：『美食家』。」二〇〇九年替《慢食新世界》撰寫序文〈期待，「新美食家」〉，葉怡蘭眞誠地說出了她的踟躕與思量。

雖對飲食有著無比熱情，葉怡蘭卻謙稱自己不算美食家，無論採訪或受邀出席，所有人習慣以此稱呼她，這頂名爲「美食家」的美麗桂冠帶刺，令她坐立難安。

當所有人都覺得你是，但你覺得自己不是，沒有不行，但就需要向很多人解釋並重覆無數次。原因說來好笑，葉怡蘭有些不好意思地表白——純粹是中文系出身對語言的吹毛求疵。「頭銜通常代表身分或職稱，比方一般不稱江振誠爲廚藝家，我們會說他是主廚——當然他毫無疑問是。可是同時有主廚身分的美食家不會被稱爲美食家，而會被稱爲主廚，所以我覺得那其實是定義的問題。但老實說，我也沒想過要去定義美食家，因爲涵蓋領域太廣泛，從主廚到食材商都有可能是。」

相較於位置曖昧的美食家，她的認同更傾向被稱爲美食作家/飲食作家/飲食生活作家。「就像『文學家』比『文學作家』定義更抽象，美食家定義太過模糊……至少作家明確無疑稱得上是份工作。打個比方好了，在藝術領域裡，藝術家定義也含混不清，可是畫家、雕塑家或者策展人，這些通通都是工作，我覺得美食其實跟這些領域狀況類似。」那份吹毛求疵或許源自於葉怡蘭性格中的較眞，對於鍾情的事物她向來全力以赴、不容含糊。

●立志以享樂為終生職志，追尋美好事物後的祕密花園

一九九六年，她因撰寫雜誌專題而結識了亞洲葡萄酒教父林裕森，林裕森領她跨入葡萄酒的大千世界，在她心中種下風土概念，由源頭了解土壤、種植、製程、品種與文化歷史等因素的重要性。這套體系對葉怡蘭影響極爲深遠，「我後來使用同樣方式與審美觀去看茶、巧克力、起司以至於各種飲食，這幾乎可以稱得上我唯一的基礎方法論。」這套體系邏輯與方法論，讓葉怡蘭對飲食的理解視角從感性主觀感受跨入科學理性的析辨，「就像你說藝術有客觀標準嗎？其實還是有，可是因爲衡量的標準太龐雜，所以我們有時候會誤以爲標準不存在。比方葡萄酒很多人會說『喜歡的就是好酒』，這種講法很便利，然

而喜歡絕非毫無來由，而是被經驗、歷史、人文等因素相互交疊、建構出來的。我們會說創意跟亂搞是一線之別，那差別就在於有沒有紮實的地基，所謂的客觀標準，正是建立在這些磚瓦之上。」

葉怡蘭早期曾跑過建築室設與藝術線，當時就已建立起對美學的敏銳度和高標準，而講到飲食，她亦保有自己的追求與堅持。一九九九年，她爲網站《Yilan美食生活玩家》興奮而莊重地起筆首份電子報發刊詞，彷彿起草新世代宣言，「當時我想到《華滋華斯的庭園》提出的十個享樂的憲章，啓發了我世間所有美好的事物，背後都存在一個遼闊而精神化的世界。」她強調眞正的「享樂」並非表象或短暫的聲色炫惑，而是要像開啓一座祕密花園，當尋覓到那條路徑、那把鑰匙，並對其中森羅萬象的風景、門道，以至學問，都有充分的涉獵與理解之後，才能獲得眞正的至樂。

享樂，是葉怡蘭關心的領域——包括飲食、設計、旅行、生活風格等等這一切的總稱，「以享樂作爲終身職志」從此成爲不二信念，碑字般拓印在她每本書的自序上。她描述開始跑茶區之後，過往零碎的訊息與知識，終能繪出完整形貌，走進Dimbulla與Nuwara-Eliya等產區，從低海拔渾圓飽滿的山頭一路到自然起伏的山勢，見證採茶者身手矯健地在陡峭坡壁與巨石間攀爬……那一刻洶湧浪潮席捲過全身感官。想起當時，葉怡蘭感受仍歷歷如新，「從此每一口茶、每一口食物，都不再吃過就算，你心裡會浮現數不清的畫面、文字、思考……聽起來很累人，可是實際上快樂就是來自這種地方。」

「以茶為例，你喝過一百杯茶跟一千種茶，你在莊園中踏察坡向，感受陽光灑落，你了解當地如何製茶，歷史文化如何與茶連結……理解之後，你在每一杯茶中獲得的感動截然不同，從心靈到五感的衝擊、感動與思考，都會變得無窮深邃廣闊。那樣的喜悅和歡愉，才是眞眞切切長長久久的。」描述這些體悟時，葉怡蘭眼神寧定而從容，「我從來都覺得變老沒有不好，因為隨著累積，你的享樂會越來越深刻。」

●以飲食鋪設出文化絲路，串接美好與風貌

用享樂的眼光看世界，於是生活成為樂此不疲的遊樂場。葉怡蘭宛如高速運轉的自體小宇宙，不僅身兼網站創辦人、出版社總編輯，從南到北奔波為不同

單位擔任評審或顧問，也曾創辦「PEKOE食品雜貨鋪」，而在眾多角色中，「飲食旅遊寫作者」是她最廣爲人識的身分，光是飲食相關著作《玩味：Yilan的味蕾漫遊筆記》《台灣生活滋味》《在味蕾的國度・飛行》《尋味・紅茶》《極致之味：Yilan的18堂飲食課》《終於嚐到眞滋味》《食・本味：葉怡蘭的飲食追尋錄》《日日三餐，早・午・晚：葉怡蘭的20年廚事手記》《紅茶經：葉怡蘭的20年尋味之旅》一字排開，足以撐起一檔書展。

如此擅寫其來有自——原來葉怡蘭大學念的是中文系，時間再回溯更早，打從童年起，文字與閱讀便是帶領她按圖索驥、探索世界的燭光，「我小時候個性很退縮，不太擅長與人互動。一直以來我認識世界的方法就是經由書籍。直到現在，我都還習慣先藉文字去踏查勾勒整體的輪廓樣貌。」畢業後在《VOGUE》雜誌因緣際會分配到餐飲線，意料之外的安排反而正中葉怡蘭下懷，「我從小到大對食物就很執著，從台南來到台北後，對於不同風土創造出的飲食樣貌也深感興趣，能把這件事當成工作我非常開心，就這樣一腳踏入飲食圈。」

雖然早早就成立了自己的網站，也在媒體擁有聲量，然而對葉怡蘭而言，創業挑戰在二〇〇二年才眞正來到。彼時許多高級進口超市還未引進台灣，不管Christine Ferber果醬或托斯卡尼的橄欖油，台灣都買不到，她像馬可波羅，自異地攜回繽紛迷人的風景，但屢屢被抱怨只能望文止渴，某次在留言板拍賣私藏品的空前盛況，令她大爲驚歎，那次契機成爲PEKOE食品雜貨鋪誕生的原動力。「PEKOE」源於紅茶術語「Orange Pekoe」，意指「講究的開始」，宛如一枚精巧門牌，標誌著創辦人熱情所在。雖在經商家庭中成長，但自己這輩子原本從未料想過開店，葉怡蘭笑說，「當時是捨不得喜歡食物的人要一飽口福這麼艱難，也想分享好東西。一方面私心希望這些食材在我們的餐桌上有一席之地，也希望台灣的美好食物能被保留下來。」這樣說來，她可是團購代買的前輩呢！

● 後飲食顯學時代，美食評論的去中心化與百花盛放

寫字的人仰賴一字區區幾元的稿酬過活，而葉怡蘭至今不接業配，她澄清並非崇高，只是希望盡量在寫作上維持自由不受限制。營生必有其辛苦之處，然

而與喜歡的事物朝夕相處，讓葉怡蘭甘之如飴。從葉怡蘭觀點看來，營生與否倒非身分的衡量標準，「很多『家』不靠營生定義的啊，比方收藏家。我心裡第一時間浮現的美食家，像寫《隨園食單》的袁枚，或有『百粵美食第一人』之稱、影響粵菜體系的江太史，甚至張大千……這些人都不藉此營生，甚至並不站到人前，可是卻在特定食圈裡廣受尊崇。」她提出了有趣的觀點，「我覺得或者可以說『美食家』是一種狀態。」

藉用「心流」的描繪，那狀態絕不僅僅是將營生視爲目標即可臻至，更需要有熱情、有專注投入、有沉浸與長時間的追求。這也呼應了葉怡蘭對美食家提出的客觀標準，她歷歷數算：必須具備豐富的飲食經驗、閱歷視野、背景知識、雄厚財力……此外，還要加上不竭的狂熱與體力——葉怡蘭笑稱後者是她最欠缺的，「其實我這輩子從沒想過要成爲美食家，喜歡食物這件事我毫無懸念，可是到底能不能、要不要成爲美食家，老實說我覺得我並不具備美食家的能力，比方財力或野心……坦白說，我只是想在喜愛的事物裡盡情徜徉而已。」

那麼「美食評論家」與「美食家」可否等同？顯然葉怡蘭將水平設在學問立論之上，「我覺得還是有差別。美食評論家應該要有著作問世、能提出論點闡述，而且最重要的——應該獲得報酬（如稿費）。」她提到早年飲食寫作稱爲「飲食文學」，以唐魯孫、逯耀東或林文月等輩爲代表，藉飲食爲書寫資材，重點實則後面的「文學」。葉怡蘭曾在節目上遭到文學作家出身的主持人評議，談論食物或物件的著作無非型錄，眞的有文學價値嗎？也曾在講座遇到聽眾質疑，食物只是消費品，算不上藝術……面對這些對飲食文學的窄化與貶低，葉怡蘭淡定表示，「在這時代我想不太會有人再這樣說了啦。如今大眾已認知到飲食撐起了多元而豐富的龐大產業，而飲食寫作更是專門領域，毋需附屬在文學之下。」

台灣早期從飲食情報像《Taipei Walker》或《Here》開始有比較像樣的美食雜誌，從資訊提供慢慢走向深入內容。當數位化海嘯襲來，傳統媒體出身的她格外感到衝擊，「例如像《紐約時報》，背後有龐大讀者群當靠山，自然也有能力提供經費取材。講到底就在於台灣市場不足以支持獨立評論，美食記者要靠報社或雜誌社給付餐費幾乎不可能，也因此早期美食線記者多少跟餐廳會有些盤根錯節的關係。」她也懷疑，當西方也無法避免地被捲入全球化、數位化的巨浪，這些獨立評論人甚至評鑑體系，究竟能維持多久而不凋零？

葉怡蘭強調評論背後必然有其社會脈絡，如果重點放在反過來思考為什麼，討論就不致淪為口水戰。她樂觀地表示，「有價值的評論會帶來改變，本來世界就是在相互討論的狀態下往前走啊。以前由少數人占權威地位，可是過去二十年，越來越多本來不是這位置的人透過網路開始發揮影響力。現在自媒體遍地開花，一群更廣大的taste maker匯集成推動趨勢的力量，更多元也更民主，這是數位時代的特徵。」她篤定地回應，「我們必須認知到：當我們將這過程中的每個影響因子拉出來系統化，比方哪些品種適合怎樣的製程，相對就必然有評價存在。有人就有江湖武林、有褒貶揚抑，飲食評論是否有必要，這問題其實不必再問。它本來就無所不在，就像藝術評論或影評會存在一樣。但我傾向把評論視為知識體系中的一部分。」

● 飲食探究不盡的無窮滋味，讓樂趣與追尋永無止境、永不饜足

身兼眾多角色任務，許多人好奇葉怡蘭如何在忙碌日常中維持龐大工作量，

「我一直陸續有計劃在進行，例如我長年持續地觀察各地飲食，近年則投入食飲搭配的研究。每年各地紅茶產季一到我都會選茶，多年來與茶區保持緊密聯繫，送來的茶樣就成爲研究來源。例如蜜香紅茶產地在花東，風味上若有轉變，我第一時間能就知道。」她淡淡地說有些事毋須刻意，就如季節遞嬗，「比方上禮拜我擔任日月潭紅茶評鑑賽的評審，或昨天大吉嶺秋茶寄來家裡，就曉得每年時序到了。我覺得不是刻意，但隨著生活或工作的流動，自然而然形成某種秩序吧。」

以前在葡萄酒課程中，葉怡蘭遇過不少學員滿心急切，頻頻追問快速熟稔的訣竅，「葡萄酒的世界太廣闊了，而且爲什麼你需要馬上全部了解，是明天就要考執照嗎？」她繼續道，「最可怕的是這世界不僅廣闊，而且還不斷在變化，每個人看到的恐怕都僅是一小塊角落，怎麼可能盡窺呢？任何主題都足以窮盡你的一生去研究。因爲深深明白這點，所以我從不急躁，人生很無常，可是人生也很長，既然不可能急，那就隨著生活的流動，緩緩一點一點前進吧。」

時間宛如流淌的河，忠於本心順著流走，倏忽回首，葉怡蘭才發現自己在飲食領域已忽忽耕耘二十餘年，且樂而忘返。在眾人眼中早是廣受崇敬的資深前輩，然而她卻永遠感到自身不足，「當然也會焦慮跟不上潮流或世界，可是時間久就會知道，跟不上才是正常的。萬事萬物不斷在變化，在變動與焦慮中，你唯一能做的是持續往前走、持續尋找自己的路。可是有些事我始終相信——像是土地、像是風土。潮流會褪去，可是基本價值不會變，我認為『在地』就是基本價值之一。」她充滿感情地說，「當全球化發展不斷地向外擴張，人類的交流已經幾乎毫無門檻時，你會發現跟土地的連結是不會變的，而且充滿力量。尤其全球疫情帶來的警訊是：最終你能依賴的，仍是腳底下踩踏的這片土地。」

在葉怡蘭的嚮往中，食物不應囿限於美味這樣的單一面向，而應擁抱更開闊寬廣、更多元豐富的追尋。如同她在〈期待，「新美食家」〉文中所主張，「新美食家絕不是僅只耽溺於眼前美味的老饕，必須知道食物的歷史、來源、知識。」，強烈的探索欲跟求知欲遙遙發光召喚，令她宛如信徒般永不饜足地繼續追尋，認眞生活、認眞享樂，這一路上，「好奇」是她懷中不熄滅的薪火。「當身處在變化中，你沒有餘裕思考『不足』，甚至『不足』本身正是好玩、充滿魅力之處——因為你永遠能在這其中尋獲無窮樂趣。」

我不是美食家——謝忠道

謝忠道，彰化人，長年居住在法國巴黎的生活美食文字工作者，以深入的法國美食見解揭示生活大小事。謝忠道大學畢業後赴法國深造，對法國飲食文化產生極大興趣，常住巴黎深入了解當地文化後，以美食記者與作家的身分，為媒體雜誌撰寫飲食文化文章。旅居法國二十多年，非常慶幸生活在這個將吃喝玩樂視為學問的時代，讓他得以將吃喝玩樂轉化為事業。擁有豐富的書寫經驗，透過書寫細緻描繪法國的美食文化與生活風情，作品深受讀者喜愛。著有《慢食：味覺藝術的巴黎筆記》、《慢食之後：現代飲食的31個省思》、《星星的滋味：謝忠道的法國米其林筆記》、《巧克力千年傳奇》等書。

成爲旅法美食作家之前，謝忠道是土生土長的彰化囝仔。高中畢業後跟著林強的《向前走》北上，成爲輔大法文系新生。電影裡才有的語言開啓了無限想像。又隔幾年，他眞的飛到了花花世界印證夢裡的天地與憧憬，謝忠道娓娓述說舊日往事，「那個時代生長在台灣，你會很嚮往外面的世界。不過當初想要留法，其實有部份原因是不想畢業後馬上工作，很自然就選擇出國念書，一方面也是覺得外國文憑好像比較有價值。」

起初醉心於現代文學跟哲學，後來申請攻讀電影博士。這樣一個文藝青年，究竟如何與美食搭上線，還出版了《美饌巴黎：品味花都小餐廳》、《巧克力千年傳奇》、《餐桌上最後的誘惑》、《比流浪有味，比幸福更甜》、《慢食：味覺藝術的巴黎筆記》、《慢食之後：現代飲食的31個省思》、《星星的滋味：忠道的米其林筆記》等眾多美食書籍？

• 從局外走進幕後——巴黎玩家的美食探索足跡

謝忠道打趣，這全得怪林裕森——究竟這位亞洲葡萄酒教父怎麼「帶壞」他呢？原來林裕森在二〇〇七年出版《葡萄酒全書》，銷量一飛沖天，躋身破萬暢銷書。打算趁勝追擊的林裕森力邀謝忠道合寫新書，哥倆一拍即合，「當時台灣大多數人對法國餐廳並不了解，比方挑餐廳、訂餐廳有哪些技巧？乳酪或酒的產區怎麼看？哪些食材是大多數人很陌生的？」，商議後他們決定寫一本「類指南」，不只羅列地址電話，更詳解法餐種種知識眉角。他與林裕森先篩選各地區代表性bistro，試吃後才決定是否採訪，最後從上百間法式餐館中精挑細揀三十三家，集結為《美饌巴黎：品味花都小餐廳》。

邀訪過程中，有些餐廳冷眼不想理會，有些則熱情歡迎，謝忠道遇過廚師主動領路去市場挑貨，帶他一探光鮮背後的百工萬象，「你光去過中央市場還不夠，必須再往上游看供應商，像是凌晨三點跟漁船出航，才會真實感受章魚吸黏有多痛，我甚至有機會陪三星主廚雅尼克·亞蘭諾（Yannick Alléno）去郊外，看蘆筍怎樣從土裡長出來、跟著挖蘆筍。」在此之前，謝忠道僅是單純消費者，短短一年餘眼界大開，經驗值狂飆。他直呼這些都是無比珍貴的經驗，「以前彷彿隔了層透明板，只見輪廓但看不分明。從此之後，每天踏進市場去買菜，你的想法、看事情切入角度再也不同。」

進到實作場域讓謝忠道切身感受到，是由不計其數龐大、複雜的產業所串連、組成了無遠弗屆的餐飲王國，他也從一開始只能問出入門的蠢問題、被動聆聽，慢慢抓到互動竅門，尤其無論是對米其林的觀點，對產業的主張，選食材的原則等，每個廚師各有其獨門路數風格，謝忠道笑著說：「其實美食評論我最重視的是『人』，這些可比光談論好吃不好吃有趣多了！」嘗到好故事的旨味，令他回味無窮、興致勃勃，「每次採訪我最感興趣的，是聽廚師聊自身人生、聊生活經歷，或者跟供應商的互動，跟團隊怎麼合作。所以寫評論時若更高一層，除了詮釋品嘗到的料理以外，更可以把掌廚者與食物的關係脈絡、人格特質突顯出來。」

一晃眼待在巴黎已屆十載，一路在各種新奇新鮮的體驗中探索，同時文化差異帶來的水位落差不斷在心頭增壓，最終這些衝擊，蘊釀孕育為謝忠道的成名作《慢食》，謝忠道侃侃而談，「在法國生活，你會回頭思考自己的根、你的文化，這些經驗會撞擊你心中原本的習慣與想法。」跨在兩種文化中間，那些異質磨擦化為騷動念頭，不斷催促他不吐不快，「其實就是心裡有話要講，剛好又有管道讓你說。我會先思考台灣人的想法是否跟我一樣？整理後就寫出了這些文字。」

「慢食」文化不只關於吃喝，也是對身體感官的覺察，更是生活方式與生命哲學，讓謝忠道深受啓發與觸動。而《慢食》作爲台灣少數從文化角度思考飲食議題的先鋒，謝忠道火力猛烈，出版後掀起一陣正反意見論戰，亦招惹法國沙文主義、貶低台灣等等不少罵名。他坦承如今回想，確實有些地方隱含大法國主義心態。

• 美食家的桂冠，誰能承其重？

既然談到美食評論，美食家自是不可或缺的角色囉。一聞此言，謝忠道簡直像聽到「不能說出名字的人」般退避三舍、連連搖手，「我從不覺得自己是美食家，因爲你在這行業走越久，你會發現自己懂的東西越少。每次只要聽到人家講這三個字我馬上否認，而且雞皮疙搭掉滿地！」被認定是美食家的人接二連三對這頭銜矢口否認，讓人忍不住好奇追問緣由。謝忠道犀利指出：「美食家」一詞早已被濫用到近乎貶義，更不認同爲了滿足虛榮心而自封美食家的人，他痛陳某些人樂於展示上高檔餐廳、遍嘗極品美饌，僅是披上華袍，引人欣羨的虛榮心罷了。他毫不手軟地一語戳破國王的新衣，「如果眞的有實力，美食家三個字你讓別人來封才是眞榮耀，自封的都不算。」

謝忠道同意美食家有其專業素養要求，因爲並非人人有能力運用文字精確表達、詮釋料理，還要兼具可讀性，然而他並不以爲這樣就足以稱爲美食家，「連三歲小孩也會有喜不喜歡的意見啊！可是作爲美食評論者，除了喜歡與否，更須要能提出理由。」那麼，何等風流人物足以撐起美食家名頭呢？謝忠道設下高標準，「第一是好奇，對食材、對產業各層次的好奇，比如服務、設備、食譜、廚師的概念等；第二樂意嘗試不同或不喜歡的東西，可能從小館子到高級餐廳，可能是原本你不碰的生食或海鮮，總之要盡量拓展經驗領域，且廣度跟深度要兼具；第三要有求知精神，從人文、土地、歷史等角度，去追索食材怎樣怎麼被開發、傳播，跨過種種時空歷程，最後進到我們的餐盤裡。」他主張不是單單吃喝得多就叫美食家，大量的閱讀、豐富的飲食經驗、頻繁地跟對食物、酒和餐飲熱情洋溢的人接觸討論，先天稟賦上的敏銳度與後天環境的引導培養，在在不可或缺，「還有思辨能力！很多人有能力吃喝高級餐廳，但他是否具有獨立思辨能力，有沒有宏瞻的國際觀？這是我嚮往能做到但還做不到的。倘若眞有人具備以上能力等級，就算他不自稱美食家，我都會萬分崇拜！」在謝忠道心目中，符合這些條件的人鳳毛麟角，「張聰是其中一位，他的視野跟高度令我非常佩服。」

那他本人又如何看米其林呢？謝忠道正向看待，「我覺得挺好的啊，對整個產業而言，代表終於獲得肯定，後續才會有專業人才養成；而對消費者來講，則是能了解一家餐廳憑什麼能獲得這樣的榮耀。」但他強調，「米其林絕非唯一標準，我們需要小心謹愼：不是米其林說好的就一定好，他說不好的也未必沒價值。」謝忠道說，米其林在法國專業廚師的心中的地位確實仍無可取代，然而相較於技術，對飲食文化的心態與自信，更是關鍵因素，「老實說，法國很多獨立餐廳的廚師，覺得米其林或媒體喜歡很好，不喜歡也無妨，反正我的客人鍾意就好。如果主廚對自家手藝有信心，應該了解最重要的是客人，客人來了評論會跟著來、米其林會跟著來。」

謝忠道直言不諱，「台灣廚師需要思考：你用什麼樣的心態面對米其林或美食評論？我們需要建立對本土餐飲的信心，而信心需要建立在自我了解之上。」他解釋法國不只有高級餐廳，還有整套廚師課程訓練、餐飲評鑑生態，食材種植產銷系統，有完整的飲酒品鑑文化，這些層疊加總，方造就法國美食大國之名，他語重心長地說，「如果沒有完整的飲食文化，沒有對食材與土地的尊重、沒有對歷史的了解，只因夜市小吃就自稱美食大國，我覺得是有點太過自信。台灣可以是美食小國沒關係，但重點在於我們能否建立好的飲食、好的土地與好的養成文化。」

●數位潮流壓境，誰都無法豁免的世代焦慮

作爲紙堆長大的孩子，謝忠道最習慣的仍是傳統媒介。「我屬於四十、五十歲以上世代，在法國大眾仍會閱讀報紙，重量級的公關公司對傳統大報評論也十分看重，因而報紙飲食評論依然具影響力。但我也觀察到，這幾年傳統媒體資訊速度遠遠趕不上網路。」數年前他住家附近新開一家甜點店，每次經過，總看到年輕臉孔大排長龍，謝忠道心下納悶，明明名字沒聽過呀，兩周後才在《費加洛報》上看到相關介紹，才恍然大悟，紙本媒體江河日下的警訊，早已

響徹全球，「過去七、八年來，我很明顯感受到在餐會場合，網紅或社群名人比例節節攀升，記者人數明顯下降。尤其很多新興餐廳或名不見經傳的廚師沒預算請公關，只能先從網路操作著手。傳統媒體的點閱率完全拼不過社群媒體，結果變成傳統媒體跟著網路跑。」最初謝忠道經營部落格「忠道的巴黎小站」，主功能是收納文章，還能補充更多豐富照片。然而數位媒體版塊變動快，部落格流量往下掉，勢必思考轉型與收入，各種型態如演講或評鑑，甚至現今流行的團購合作，謝忠道也都不排斥配合，「其實我這幾年一直在掙扎在不要變得太商業化，但同時又要能餬口，老實說我很希望能夠繼續寫，我始終都沒有放棄，但坦白說，要光靠寫作維持生活，眞的很不容易啦。」

另一波襲來的大浪則是氾濫資訊，謝忠道吐露其實自己一直對此極爲焦慮，而且越來越強烈。每當友人問他有沒有注意到某條新聞、聽聞某椿消息？謝忠道發現自己常常陷入情緒黑洞，懊惱怎麼會漏接，擔憂是否又掛一漏萬？他苦笑說道，「你永遠會感到關注的資訊不夠多、不夠全面……坦白說，我也不曉得該怎麼處理。這時代的資訊量眞的太爆炸了，連消化的時間都趕不及。」

二〇一一年出版的《慢食之後》宛如預言書，數年後書中提到的水資源、糧食自給率等議題在全球同步爆發。經歷過不同時代與寫作階段，是否想說的話都已說完呢？謝忠道搖頭，「還沒。我在飲食上那種使命感仍然在，只是這兩年的瓶頸眞的是不知道寫什麼，臉書的內容也有點亂，一下寫雜感，一下子講業界八卦……這幾年變化太快，要維持長久書寫，就必須跟上滾動式的轉變。」，文字幣值在數位時代的通膨中持續貶值，網路社群時代寫字的人隨手抓一大把，談及美食評論的產業生態，謝忠道嘆一口氣，試圖在無奈中保持樂觀，「站在書寫者角度，我會要求自己寫得更深入、更富意義，而不是嘩眾取巧、媚俗。」

●從美食書寫領域，擴及對土地文化的關懷

中文世界長期缺乏美食評論，原因爲何？「最關鍵的當然是媒體肯不肯養，其次台灣餐飲界主要集中在台北，圈子窄，人情錯綜複雜，評論要能獨立並不容易。」他提到過去有不少有心人或機構試圖建立評鑑系統，比方二魚文化、聯合報五百盤，嚴長壽辦過台灣飲食高峰論壇等等，謝忠道一方面肯定，認爲

有其需要，然而也懷抱憂心，「只要有利害關係、人情包袱，只要媒體力量運用權勢操弄整體產業的正常發展，台灣就難以擁有健康的飲食評論系統。老實說，連米其林都很難徹底獨立，台灣是否眞能建立自己的獨立評論系統？我感覺不是很樂觀。」話鋒一轉，他反倒將希望寄託在近年崛起的自媒體，「逐漸有越來越多質感好又認眞的社群書寫出現，尤其現在越來越多評論者不仰賴撰食評營生，不受利益或關係的瓜葛所束縛。這些都是好現象啦！」

食物從來不只是桌盤觥籌而已，而是環環相扣的。在疫情這段期間，謝忠道以近距離的角度觀察到法國餐飲產業遭遇的困境，如季節性的春季白蘆筍、供應頂級餐飲的魚子醬在封城下囤積滯銷，侍酒師與產業人才因停業流失，整個法國餐飲體系在災情中試圖阻擋崩盤。而近期他的關注目光主要聚焦在環保、有機、如何讓未來的生活、飲食、土地更好。謝忠道熱切地說：「你知道最近地中海鮪魚最近發生什麼事嗎？因爲保育做太好，鮪魚數量激增，是現在很鼓勵食用的海鮮。我們也陸續看到媒體宣導，告訴大家如何依季節更迭選擇食用的海鮮，這些資訊都很好、很值得推廣。」

謝忠道提到，在法國不僅政府，整個歐盟都很支持贊助轉型，比方在法國若要改種植有機作物，田地得休耕三到五年，但這段期間政府會提供補助，或者很多學校逐漸在營養午餐中使用有機蔬菜……這些社會教育的觀念推動在法國已逐漸普及，他認爲台灣是時候跟上世界腳步了，「在台灣轉型很難，但我們是有潛力走精緻農業的國家，台灣有條件、有能力做高端的養殖跟種植。即使當下做不到，不表示未來不能，我們應該要朝那方向去發展。」

這麼多年來，對飲食的一片赤誠，對人對土地的深刻關懷，即使相隔一萬公里的距離亦丹心不改，如同其名「忠」於其「道」。帶著這樣的信念，儘管在洪流中生存艱難，謝忠道仍有懷有期許，「在我那時代，台灣飲食書寫停留在懷舊，可是新一波浪潮來了，牽扯到食安、土地、環保，牽扯到更多飲食文化的概念與未來。如今飲食已成顯學，無論在社群網路或自媒體上，人人都有權發表意見，我期待台灣出現更多元更豐富的飲食書寫，寫背後的文化脈絡、寫人與環境，與土地之間的關係，不僅僅是評論好不好吃而已。尤其像我們這樣擁有媒體版面與資源的人，更應該致力於這方向的倡議。」

理想的飲食生活——舒國治

舒國治，一九五二年生於台北，原籍浙江。先習電影，後轉攻文學。七〇年代末以短篇小說〈村人遇難記〉榮獲時報文學獎，引起文壇關注。一九八二年完成《讀金庸偶得》，此後休筆多時。七年浪跡美國，返台後寫作多以旅行為主題，一九九七年以〈香港獨遊〉獲得首屆華航旅行文學獎首獎，一九九八年又以〈遙遠的公路〉獲第一屆長榮旅行文學獎首獎。被譽為台灣旅行寫作的奠基者。近年又以風格鮮明的散文寫台灣飲食，深受喜愛與推崇。著有《門外漢的京都》、《流浪集》、《理想的下午》、《台北小吃札記》、《水城台北》、《台灣小吃行腳》、《台北游藝》、《宜蘭一瞥》等書。

關於舒國治，有幾個關鍵字絕對跑不掉：晃蕩、張望、旅行……以及「小吃教主」——這位教主江湖人稱「舒哥」，年輕時是迷戀電影的少年，近而立之年一腳踏入文學，步行過電影、旅行、飲食、音樂等各色主題。舒國治坦承從前貪圖自在，天生性情閒雲野鶴，對寫作規劃向來隨興所至，他自我調侃，「假如又能尋得自在，又能守住有恆，那就是厲害人才了！我可比這散漫太多了。」這般個性，讓他筆耕多年，才繳交出第一本著作。

一九九七至一九九八他分別以〈香港獨遊〉、〈遙遠的公路〉擒下兩座旅行文學首獎，獎項與中國時報〈三少四壯集〉專欄推波助瀾，讓他將零散著作集結成冊。在二〇〇〇年《理想的下午：關於旅行也關於晃蕩》後，SARS疫情來襲，拖沓下五年時光轉眼即逝，舒國治自省該在寫書上拿出點恆毅力，好不容易，在二〇〇六年冬盡春來時將《門外漢的京都》付梓，半年後《流浪集：也及走路、喝茶與睡覺》接力叩關書市，終於比較確立他作為一名寫作者的自我定位。

●觀看的方式

不少人識得舒國治其名，從商周專欄開始，也以爲即是他寫「吃」的起點，他笑著說，「我常在嘴邊提起各種吃食，於是總編就來邀稿啦，每周寫一間店不難呀，且當時心頭已經有十幾間本來就常去吃的店，像康樂意小吃店、延三夜市汕頭牛肉麵這些，只是想辦法組織成文章結構。」二〇〇七年在商業周刊撰寫的專欄集結成《台北小吃札記》、二〇〇八年又有了《窮中談吃》，從此奠定舒國治風格鮮明、獨樹一幟的寫吃路數。對他而言，台灣小吃藉散文表現特別合襯、輕鬆寫意，福州乾麵、魚丸湯、餛飩等幾百字，尺幅長短恰好專心致志，足夠講得清楚透徹而不膩煩。

台灣人不僅熱衷吃、愛聊吃，甚至可說小吃早已是我們休閒生活中不可或缺的一片拼圖，然而在社群媒體撲天蓋地的時代，舒國治一逕如桃源隱士，自外於這些黑鴉鴉的嘈雜喧嚷，他不諱言很少特別查資料，也不用社群軟體，「其實人家跟我講說最好吃的那幾家啊，我都還沒機會去，也很怕非要去不可。這種事太投入，我覺得也不太平衡啊。」

舒國治表示，原則上他偏好自行發掘，也會向在地人請益，但至多就寥寥數句口頭徵詢，不喜大費周章地事先調查。「我會登門去吃多半是不小心，機緣巧合下踏進某間小店，驚豔其價廉物美。」出版過《宜蘭一瞥》的他對宜蘭好感十足，「宜蘭人最害羞可愛，那個煮麵的阿桑就低著頭，不跟你四目交接，你不敢問東問西，她也不會回答，因爲她就不是那個性，不會像有的人就一副待你過去問、訪他幾句的架勢等著。」

至於如何判斷一間館子值不值得吃？舒國治作風一如往常地老派，「跟看人一樣，你站在外頭，眼角流光瞟一下，差不多心裡便有個譜。就像從前那種烏漆嘛黑、放唱片的舞會，女孩子們坐在角落，但你總是知道最漂亮的約莫是哪個。」他形容厲害的店哪怕壓抑，仍會透出幽光訊息，就看明眼人懂不懂得慧眼識璞玉，他以麵攤舉例，「好的麵攤我常講的叫『有精神』，你別瞧那櫥櫃小小的，裡頭麵條一疊疊，乾爽中帶著彈性濕潤度，餛飩旁邊備好的內餡，一看顏色就合眼緣。在這攤吃著，你瞅一眼隔壁攤端上桌的炒飯黑不溜秋，內心也會想：哎，這炒飯應該和我不太有緣。」

默不作聲的食客與一語不發的掌杓者，像狹路相逢的高手隔空對招，以脾胃見眞章。舒國治總結，「做飯沒有犯錯的問題，不是刻意挑剔或拿星級標準衡量，但終歸一句：這飯，最後大家得吃進肚腹裡的嘛！」

● 美食、美食家與美食評論的分道

當初商周專欄一路寫來得心應手，但一年半後舒國治主動喊停，旁人齊嘆可惜，他倒是豁達以待，輕描淡寫地說，「我是覺得可以了，再下去就悶了，人總有別的事做，不用隔些時間又再回去。年紀越大，越覺得人生差不多可以依感覺恣意而爲。」

《理想的下午》副標是「關於旅行也關於晃蕩」，身軀晃蕩，腦子則不空閒，表面渾不經意，實則各種銳利的觀察走馬燈似的輪番上陣。不拘寫旅行或飲食，舒國治筆墨下描繪的畫面影像感十足，醞釀著短篇小說的氣息意趣。在舒國治口中，旅行當然跟飲食分不開，「人每天都得吃飯嘛，拿旅行來講好了，有人旅行爲了吃飯，他覺得在地中海某幾個城鎭間移動，可以找到滿足，其實他只是靠那頓飯的新奇達到放鬆療癒。」

如今文字式微，影音當道，舒國治也覺得未必將來一直要寫下去。儘管被稱爲美食家、奉爲「小吃教主」，然而對頭銜之流的著實不上心，他解釋不是嫌棄美食家這詞，「法國人本來就有這個詞，但這字眼在我們的文化中原本不存在。你看像梁實秋，吃過無數好菜，寫得好又寫得多，可是他肯定不會給自己安上這字眼。我認爲所謂美食家應該是吃美食的人，而非寫美食的人。當然有的人是兩者兼具。」

那「美食家」一詞怎麼好像就成了濫字呢？舒國治打個比方，「某些人一見你就忙不迭喊大師，你心裡忍不住咕噥：別用這種字眼套我身上啊！」他犀利直指，「有的人內心期待自己在旁人眼中形象是吃得好的那一類人，有時是反映了社會浮華面……我不太需要也不太在這種框架裡。」

「首先，純粹去吃東西，不必那麼多廢話；其次好吃就講好吃，倘若店家口味退步，卻只因有歷史或幾代相傳就要寬諒，何必呢？」他琢磨著用詞，慢條斯理解釋對美食評論的看法，「你要寫本來就可以寫，寫是完全沒問題，讀到的人覺得珍貴那很好，不必考慮人家需不需要你。最主要是你很希望講兩句恰如其分的心得，希望店家別氣餒，繼續把菜燒好。假如有人叨叨地來告訴你說：哎呀，你沒寫我都找不到要吃啥，那我跟你說：他是在騙你！他就一張嘴甜！」

對舒國治而言，文字應當懷抱一隻筆的自由意志，就如同路上遇到一顆焦底香脆的水煎包，發自內心歡喜讚嘆，而非顛倒過來，要食慾爲文字生產而服務，「一旦用幾乎準備寫的心情去面對眼前這美食，吃少了怕交待不周全，過撐了又爲難腸胃……每天吃飯時想著評論，日子要怎麼過下去？」

台灣近年沸沸揚揚掀起比賽熱潮，舒國治對此亦敬謝不敏，「我就絕對不敢接牛肉麵評審，其一是一天少不了要來個好幾碗，實在吃不動，其二是這種比賽，幾乎都是主辦單位邀來的店家，我對這慣例心裡頗爲打問號。」

在他眼中，評審是椿苦差事：端上桌的非得來者不拒，一盤接一盤應接不暇，好菜再多也僅能淺嘗軏止……其實不忌小吃或大餐，舒國治言談之間強調舒服、適性而爲。許多饕客趨之若鶩的米其林指南等fine dining，在他角度看來也算不上好好吃飯，「整頓吃下來要耗費很多精神對付，歐洲文化習慣在飯桌進行聊天交際，吃飯不光吃飯，還附帶些別的什麼。有時前菜端上來印象深刻，但後面得忍著呵欠敷衍身旁的人。」總結一句，最主要還是那頓飯如何與個人產生關聯。在舒國治看來，米其林好處在於和三五好友同桌享受一頓好飯菜，又或增長見聞、啓發想像，拓展食材改變的可能性，他舉日本爲例，業界有專門烤雞肉串、炸天婦羅的師傅，將原本素樸的料理做到極致巔峰，米其林取其功夫精萃，再轉化成創作元素，化爲盤中美饌。

至於歐美飲食脈絡下誕生的米其林等評鑑，與food critic（美食評論家），舒國治謙稱吃得少，還不算有資格回答。他亦認爲以往資訊不普及所以才有評論家出現，如今人人皆有獨門觀點與資訊來源，一旦公開評論，無論是褒是貶都有人開筆戰辯論，而評論亦未必可信。他提及早年造訪慢食教母愛莉絲·華特斯開在一級戰區的平價餐館「Chez Panisse」，坐進館子裡，菜有模有樣送上桌挺有回事，但嘗了之後心裡直嘀咕普通。舒國治說：「但吃過也就罷了，監督誰飯沒做好不是我的工作，不必再回頭費力批評那不完美。何不趕快去吃下一頓，你說是不是？」

●由奢入簡，日常回歸

舒國治在《遙遠的公路》自序中說，想寫篇長散文談吃飯，「關於吃是我很愛講的。我覺得飯要吃得好，得心裡有點老練地決定，然後按那方式去演繹。」舒國治眼神熠熠，論獅子頭，「肉的香美在這顆揚州獅子頭裡體現，吃完後口頰鮮美但不黏膩，不會吃完就想馬上剝開旁邊水果盤上的橘子消除唇上油膩」；論紅燒肉，「火候跟水距離遠一點，桂皮老薑皮黃酒各些許，肥潤烹到足夠程度，吃的時候單單切下其中一片」；論蒸鮮魚，「切點薑蔥段，魚下巴跟魚身各蓋幾片，那魚皮黏著一點點膠質，蒸出的湯汁淋兩調羹配飯恰好。」論起最愛的便當，格外鉅細靡遺，「白飯得煮得好，配菜的滷蛋豆干海帶壓在米飯上，底下那一小塊米飯最好吃不過，滷蛋沒有太多醬油氣，食材稍微碰到，又有點細緻的不一樣……」

社會談吃，目光多半傾羨驕奢，舒國治逆流而行，熱愛散步晃蕩的他，對簞食瓢飲亦是真心樂在其中。藉他在文章中提及的兩句話總結，「燒菜當燒家常菜，寫字宜寫百姓字」。他說倘若陽春麵就能糊口活命，何必為追求榮華富貴所困？「這些要講出個端倪都不難，但最終就是總和人生中學來的種種。我們跟天地之間能獲得多少就只能這樣，生活中一旦過頭，最後就被這些名稱忽悠了。吃，很好，但因為吃，在江湖裡弄得糊里糊塗的，這沒必要。」

舒國治追求的目標很簡單，不過是簡簡單單——「我很希望日常三餐以至每頓宴席，都不費事，不會難消受，以現代人生活來說是有點難，但若能達到，我每天就十分滿足。」

《窮中談吃》話及從前「上館子」對普通家庭是件不普通的事，在不豐裕的年代，上館子得有名目，把握機會嘗鮮家裡不做的菜餚是其中之一，然而對舒國治而言，家常好味勝過食堂豐盛，他不勝懷念地說，「感覺上我年幼時，鄰居媽媽個個有副燒菜好身手，尤其懂得在物資有限下發揮靈感、巧思十足。我們若饞著去哪個同學朋友家吃飯，那一家子往往就是天天做飯，而且平常心就做得好。」其實舒國治談吃，屢屢觸及對舊時光的懷念，「台式黃麵、鹼麵做的油麵，從前街頭巷尾很常見，但已漸漸失傳，得特別去找。以前是小販騎著單車在巷弄間叫賣，那棉被一掀起來啊，每顆饅頭都發得特好！」如今機器取代手工，產線取代動線，饅頭在中央廚房罐頭似的滾動製成、冷凍配送，口味應有盡有，任君挑選，卻不復當年的美好滋味。他語氣中難掩唏噓，「這個就是時代的遞嬗啦，有得有失。」

●理想的飲食生活

那麼在舒國治心中，究竟有沒有所謂「台菜」呢？「想像中在熱菜上桌前，會先來個幾碟冷盤：鹹蜆仔、涼筍、粉肝，黑黑白白好幾碟，坐個一會兒，接著陸續有五味軟絲、鯧魚米粉等擺滿桌上，這系列是大家心中的台菜脈絡。但有些日本菜同樣用醬油燒，比如角煮跟紅燒肉很相似，老外未必分辨得出來。早期擺上枱盤的台菜，常有福州菜、潮汕菜、漳泉菜的影響。而家庭中最質樸的農村每日飯菜，也是燙、煮、白切等的好味道。但每一、二十年總會融入別省的菜，就像江西菜、湖北菜、浙江菜等，大家也是互相融和，成為跨越邊界的自家菜。」

他是生於台北長於台北的人，走遍街頭巷尾，見過時代遞嬗，舒國治眼中的台北，性格還有些草莽不成熟，但已顯現了多元而融合的特質，「這裡匯集了各類食物，早先台北沒那麼多饅頭、燻魚、道口燒雞之類的啊。台北以前的傳統，是每天到攤子上來點熱呼呼的豆漿、油滋滋燒餅油條。冬天外頭濕冷，在店裡瀏覽報紙，短暫時光當個大爺，花費又平民。等你離席了，下一位客人沙沙翻著半個鐘頭前你拿在手上的報紙，同樣讀得津津有味，不減半分開心。」、「下午尋到一小攤，切幾盤鯊魚煙、白煮鵝肉，綴點薑絲，淺淺小酌一杯白葡萄酒。天黑還不忙著吃飯，可能更晚些去某處吃個特別的餃子。若在某個當下想來點熱騰騰、微帶辣勁的食物，剛好牛肉麵店就出現在幾公尺不遠處……」

飲食珍味不在他鄉或遠處，日常隨手可得，方是至福——這樣的心情於舒國治始終如一，「我理想中過日子的小社會，所有事情就是隨意走走偶然看到，路過看幾位客人在騎樓下吃食，起心動念也該往那桌邊坐坐。我很希望在台北，不必非得天天把牛肉麵掛嘴邊，這樣過日子才是在台北的正道。」

全球化的時代，人的欲求也隨地平線不斷擴張，他感性地說，「台北仍舊是我們的城市，不是任何其他地方。因爲這裡沒有，所以要往他處追尋是人之常情，偶爾可以，但若天天這樣，那就太可惜了我們生活的周遭……」，在巷弄間晃蕩，孤獨的美食家不孤單，與美食的相遇沒有早一步或晚一步，剛巧遇上、剛巧行程不倉促，容許你坐下來，從容吃碗乾麵配餛飩湯，探頭看看小菜櫥，花幾枚銅板點兩碟心頭好，剛巧有餘裕也有肚腹……一切剛巧，皆是因緣俱足。

願為引食者——徐仲

徐仲，食材達人、自由撰稿者、營養師，畢業於義大利慢食科技大學（University of Gastronomic Science），深耕研究飲食文化，對台灣在地食材與歐洲食材都有深度了解，為台灣及義大利飲食文化與行銷手法行家。徐仲致力於推廣台灣食材，包括醬油、豆腐、蜂蜜、雞蛋、茶油等，曾舉辦多場品嘗會與論壇，串聯台灣農市產學，是連結土地到餐桌的橋樑，致力於探索台灣食材超過二十年，曾榮獲義大利政府頒發的「義大利之星騎士勳章」，以表彰他在促進台義飲食文化交流的卓越成就。著有《義食之選——從產地到餐桌：義大利經典食材》及《知味台灣：徐仲談慢食》等書。

超乎大多數人想像，徐仲的美食味蕾無關家傳——他毫不掩飾地實話實說：「因爲我媽煮的菜太難吃了！」那如何曉得好吃的食物是什麼樣的味道呢？徐仲爽快回答：「生命會自己找出路啊！我從小考試考得好，獎賞是牛肉麵、木瓜牛奶大王或夜市小吃。」母親不擅煮，但出了家門不缺高廚。舌尖上的美妙謎因，引得他總想一探究竟，「你會思考美味背後的原因，想理解爲什麼好吃？你會被吸引。」

從小爲吃著迷，聯考塡科系他瘋魔地只追求一項條件：與吃有關。因分數進了中山大學營養學系，迎接他的可不是美食，而是大體解剖課和研究食物腐敗過程。拿到營養師執照後進醫院工作，徐仲摩拳擦掌，滿腔雄心想改善醫院伙食，「我跟阿桑講說能不能別煎荷包蛋來個omelet？結果阿桑丟一把鍋鏟來，歐你個頭！三百人份的餐你來煮！」

醫院的烹飪邏輯其實簡單粗暴，一追求健康，二考量設備限制。這現實邏輯令徐仲十分糾結痛苦。但他擅長爲生命尋找出路，於是初期一邊以營養師身分接案，一邊動腦想，哪裡找能吃得好又不用付錢的工作？「美食記者」立刻在他眼前閃耀霓虹光芒。憑藉不屈不撓的毅力打動雜誌總編，徐仲如願成爲專欄作者，跨出第一步後的他心裡明白，吃得好又不用付錢的工作只在夢中，要走這一行，少不了得先投資自己。他啃御飯糰，節約餐費，錢省下來砸一兩頓好料、回頭勤作筆記。寫專欄的過程中，他不斷研究、不斷思考，從中得到快樂，勤作功課讓他成爲《時報周刊》最年輕的專欄作家，後來甚至寫了《自由時報》整版報導。

● 被外國記者問倒、在食材卡關，種下出國深造的種子。

二〇〇四年，徐仲在中華美食展擔任義工，被外國記者問及台灣食物細節，徐仲發現自己張口結舌，「比如說爲什麼彰化肉圓是炸的，而台南肉圓用蒸的？回答不出來讓我很惶恐。我發覺我不懂。」徐仲沒辦法接受「彰化人就是喜歡炸物」這種理由，一頭鑽進去研究後，他找出炸粉有差異，問題接踵而來：粉哪裡不一樣？當地怎麼發展的？以前用什麼油？現在又是用什麼油？味道哪裡不同？

他像個好奇寶寶有問不完的疑惑，然而拿這些詢問廚師，往往下場落得碰一鼻子灰。屢屢受挫後徐仲摸摸鼻子，自己開路，埋頭研究，卻在食材卡了關，也引發他出國深造的契機。當時徐仲在推台灣的蒜頭、青蔥、梅子等本土食材，遇到了瓶頸。徐仲說，起初他試著開品嘗會、找產官學，在中央圖書館一本接一本啃文獻，卻發現埋首研究半天，對業界不痛不癢，這認知如同一記重拳，令他意識到該修正路線。漸漸地他萌生了向外取經的念頭，為了圓夢，他來者不拒，最多曾兼七份工作，包括同時撰寫兩三個專欄。

二〇〇六至二〇〇七年這段時間，徐仲待在推廣慢食的義大利美食科技大學（Gastronomic Sciences University），「去義大利讀書其實是我人生轉變最大的一件事，從頭到尾文憑對我不重要，我只是要去看看人家怎麼做事，再回來推廣台灣的飲食文化。」他不認為學校有教他飲食研究方法，而是提供了磨練思考和態度的環境。「老師會不斷挑戰你、質詢你：來這裡是為什麼？或可能上課大家沒念文獻，老師便問誰身上沒有五歐元，大家都有，那就所有人一起到巷口點杯酒，邊喝邊聊天。」這很合徐仲的脾胃，他笑笑說：「為什麼不？就像老師講的，陽光這麼美，你窩在教室幹嘛？」

● 消費可以改變世界，無論飲食的觀察者、評論者或書寫者，我們對自己的工作都應具有社會責任思維

義大利的陽光與醇酒，複雜迷人的飲食生態，讓徐仲從此頭也不回地離開營養師生涯。回台之後，二〇〇八年開始，他又陸續計畫性地安排出國，短短三年踏遍義大利二十個行政區，拜訪超過二百六十三位農友，足跡遍及西班牙、葡萄牙和法國。「我在意的是整體產業，我會去看各國傳統市場跟超市之間的差異性、找出城市的美食邏輯，從平民飲食到像Eataly這樣昂貴、流行的場所我都去。」過程中認識越來越多相關產業人士，有專攻蜂蜜、火腿的研究者，也不乏記者、專欄作家，甚至傳統市場的創建者、規劃者等等。每個人對食物各有洞見，而徐仲慢慢發現這群人的共通點——無論身處何地、司職爲何，每個人都很在乎自己的理念能夠影響到多少人。

什麼是美食家？這題目想必在他人口中與內心深處迴盪過不下千萬次，徐仲坦言，出國念書前叫自己美食家是因這職銜好聽，跟前輩們比肩，多少有些虛榮。某次被問及什麼是美食家？他直覺地回答：「對吃很有品味很懂的人」，

對方追問，那跟美食愛好者有何不同？「她跟我說，書法家跟會寫書法的人也不一樣吧！有個『家』，理論上自成一格之外，應該還承載其他意義。」每個人對美食家的定義都不一樣，徐仲心想我應該也要有屬於自己的定義。

如果不是用形容詞去描述好不好吃——那是文學的功能，那美食家的使命是什麼呢？徐仲認爲是找到一個有意義的觀點。「我希望的是雖然我寫的書很少，但兩三百年後，有人談起這時代的台灣會提起我的作品。當然搞不好未來已經不存在紙本書了，但就像現在想要了解清朝、宋朝，總有幾本經典可以看。無論飲食的觀察者、評論者或書寫者，我們對自己的工作都應具有社會責任思維，包括書寫的每個字。」因此徐仲一直想要找出一種欣賞食物的方式，很多人會說什麼是美食家？對徐仲而言，美食家是帶有社會責任的，「重點在於你怎麼思考你的工作意義，你寫的每個字，有沒有辦法傳達正確的訊息。」他自認如果是美食家，追求的是蓋棺論定。吃飯的時候，要思考有沒有違背自己的初心、能否形成論述、是否有影響力。

多了社會責任，他開始不再執著是否被稱爲美食家，轉而在意自己能否符合自我認知上的美食家。他研究食材，到國外觀摩如何運用商業思維拉回飲食文化，例如他觀察到義大利注重外匯，拉高視角後，鳥瞰便會發現飲食文化皆是歷史之河的沉積，「愛鄉愛土其實是愛外匯的概念，很經濟學的。假設同樣品種的番茄，義大利種植成本高，可能就會從隔壁比較便宜的西班牙運送過來，義大利人發覺必須要找到一條路存活，於是他們從小就灌輸家鄉食物是最美味的。」

義大利人啓發徐仲：你得先擁抱傳統的美好，再去欣賞他鄉的美好。「回過頭來，你的創作能不能實質回饋給你的家鄉，比如說葡萄牙的波特酒流行一陣子，後來大家覺得無趣，但若去波多當地還是會發掘到許多傳統飲食，所以是可以並行的，只是需要思考誰來做中間的溝通者。會有人吃到醋漬沙丁魚（sarde in saor）料理後，非要去威尼斯吃正統版不可嗎？可能會，因爲你開了一扇窗。日本節目《料理東西軍》裡日本人對待自己的食物是那樣的態度，爲什麼你看待台灣的食物是這種態度？原因在於我們沒有提供足夠資訊給大眾。那我會想說能不能提供思維方式讓大家思考？」

• 我應該成為「引食者」——引導大眾去思考的人

回到原點，什麼叫美味？徐仲簡單地說：「美味就兩件事，個人主觀抑或集體共識。」接著補充，「然而共識必然牽涉到文化，比如臭豆腐對歐美人可能很恐怖，歐洲的藍黴乳酪有腐臭味，台灣人未必能接受。美味是邏輯思考的問題，我會這樣講。」徐仲很在意開放性和討論，他很歡迎大家與他議論，他的觀點來自他的研究，但憑什麼他一定是對的？「當我嘗到一道料理，分析完後我發覺廚師從頭到尾沒要我這麼吃，那問題在誰？在我。代表我被引導得還不夠，可是話說回來，用一般人的邏輯思考傳統飲食會是對的嗎？這是個問號，一個思考空間，沒有對錯。」

徐仲提到近幾年不少專做精緻飲食的廚師擅長包裝菜餚，客人可能根本不管產地溫差或土壤條件，然而當廚師能講出一套論述，品嘗的人就能依循那邏輯，接收到創作者在這道料理想呈現什麼。「相對來說，傳統菜肴很少人會去做論述，比如說紅糟肉，酥脆是形容詞，然而爲什麼選擇乾粉炸或濕粉炸？什麼叫紅糟味？刀工要怎麼下才能吃出美味？其實卡好大雞排炸得有學問也很棒，可是我們能不能別再只用『澎派』去描述……我想做的是成為台灣飲食文化的研究者，成為台灣傳統食物的引食者。」

鑽研台灣飲食多年，徐仲如何看台灣菜？他認為其實台灣其實每個地方早就有在地飲食文化了，但是如果站在推廣角度，問題則在於找不到聚焦點，沒辦法很清楚地說什麼叫台灣菜。「你為什麼要介紹台灣的食物給外國的朋友，有兩個原因，一個我覺得好吃我跟你炫耀，另外一個是這味道只有在台灣吃得到，它是有意義的，透過這個食物，你可以更了解台灣。」義大利給徐仲的觀念就是你要先認識傳統飲食的美好，再來看其他國家的美好，了解國外的美好之後，如果覺得其他的是正確的，包含麥當勞在內，你儘管認同無妨。「我花比較多時間在研究台菜近四十年來的變化。以前不一定是好的，但你要去理解物資缺乏的時代，怎麼欣賞那美好。」現今物質豐裕，有時甚至接近浪費，去思考這樣的當代議題也是徐仲想研究的方向之一。

● 美食家要愛吃，帶著開闊的心接受與尊重，同時愛分享

在徐仲口中的美食家養成，活脫就是他本人寫照：「要愛吃，帶著開闊的心接受與尊重，喜歡跟人接觸，要對外發聲。」不是默默地吃，好不好吃對他而言也不是重點，在浩瀚的飲食宇宙，他是謙卑的而快樂的探險者，對於美食家三字，現在的徐仲有了自己心中的模樣，「我認為所謂『美食家』，除了他人對你的肯定之外，也是你自問能不能對得起這個頭銜……我現在覺得我距離這三個字還很遠。如果我要稱為美食家，什麼時候可以成為美食家，我覺得如果在我活的時候能夠符合我的定義，因為我開始不在乎別人是不是叫我美食家，我在乎的是我自己能不能符合我認知的美食家。我認知的美食家，除了能夠創建學說之外，還能夠影響很多人。」徐仲製作的Podcast《徐仲說食話》已累積近九十集，寫專欄也好，閱讀文獻也好，對徐仲而言，追求學問很快樂，影響他人很快樂，一點也不感覺累。

最後拉回主題聊聊什麼是美食家吧！徐仲覺得美食家除了是對自己的肯定，同時美食家跟作家是不一樣的。「我什麼時候被質疑是不是美食家，是二〇〇四年，那時候部落格興起，以往我只要有專欄，掌握話語權，我說我是美食家，你能對我有意見嗎？可是當大眾拿到話語權以後，就開始有人說憑什麼我不如你，或者有錢的人會說我吃的比你還廣，你憑什麼叫美食家……你是愛吃的人物，我尊重你也懂吃，你是隱世美食家這樣就可以了吧！」徐仲發現話語權被大家打散以後，情勢就有趣了。徐仲認為作家或美食家這件事情有兩個主要的基本意義，作家在於你是不是靠寫字維生，而且你的文字都賣得出去，這是重點，如果你的文章或書都賣得出去，代表你有市場性；美食家也一樣，你是靠飲食書寫維生的就是美食作家，如果你是美食家，依靠餐飲業維生，這一點是基本的，才能談下一步。」因此所以徐仲會覺得如果自稱作家，會有一點汗顏，因為他不是靠三本書養活自己的，稱自己是美食家是他的目標，因為他現在確實是靠餐飲維生，如果有人眞的要說他是美食家，他也不扭捏作態，「好吧，那我就是美食家吧！」

隱於市野的美食家——張聰

張聰，香港人，頂級瓷器品牌法國麗固（LEGLE France）的創意總監、如意與如意宴創始人，以藝術品味與創新設計見長。他將傳統工藝與現代風格精妙結合，賦予麗固獨特風采。作品追求細節的極致，其創作不僅表現藝術熱情，也是對法國瓷器工藝的珍愛與傳承，是法國瓷器界領先者。張聰熱愛美食，年輕時就開始打工存錢嘗試 fine dining，體驗被款待的感覺；接著到歐洲開車壯遊，一路靠著地圖與「同溫層」的幫助，找到許多美食；接下來也因為工作跑遍大陸與歐洲，在工作之餘透過美食犒賞自己，累積味覺的經驗與食物的知識。他認為瓷器不僅是食器，更是呈現美食藝術的載體。

張聰的身分頭銜十分多元，廣為人知的除了法國頂級瓷器麗固（LEGLE France）創意總監兼餐具設計之外，同時與法餐名廚陳嵐舒亦是餐飲圈知名的神仙眷侶。然而他與飲食結緣，最值得被認證的，絕對少不了打小吃遍江湖的老牌饕客名號。

這條江湖飲食路有多早開始呢？故事要從張聰家庭背景說起——雖然家業經營瓷器代工，不過他有位愛吃又擅煮的老爸，對一日三餐毫不含糊。張聰憶起兒時情景津津樂道：長年在外奔波的父親一旦難得返港，便興沖沖拎著餐盒組，遍尋東市探訪西市地蒐羅私房菜色，不拘大眾小食或高端大菜，直到滿載燒鵝、腸粉、麵包和bone ham的三層特百惠（Tupperware）提得雙手沉甸甸，再歸宅熱熱鬧鬧擺一桌豐盛、歡欣享用。

那是七〇年代的Foodie情懷，也是張聰對「美食」最原初的啓蒙。子承父蔭，張聰也跟著愛上坐在餐桌前的美好時光。加拿大十六歲便可合法駕車，十六歲的張聰長了翅膀般到處跑，將錢通通花在吃上頭。甚至曾不辭路程遙遠，從多倫多一路駕車至法屬殖民地蒙特婁，只為享用一頓正統法餐。至今回憶起在多倫多最鍾意的餐廳「Truffles」，張聰仍掩不住滿臉溫柔笑意，「Truffles當年座落市中心四季飯店裡，我幾乎按月報到，明明就還是個毛頭青少年，硬裝大人派頭地踏入用餐……其實直白地說，我就喜歡那種氛圍、那種備受款待的感覺。現在回想起來有點不可思議，但我真的充分體驗到fine dining給你的這種整體體驗。」

●從歐洲口傳美饌到蝙蝠火鍋，隨生命驛動不斷開展的味蕾地圖

張聰的成長過程由於父親工作緣故，五湖四海移居，從斯里蘭卡、奈及利亞、香港到加拿大輾轉遷徙，食物是他認識新地方的遊樂券，在一次次探索中，逐步建立起專屬的飲食地圖。十九歲就讀大學前，他開車去歐洲壯遊，他不勝懷念地說，「當時還沒有GPS呢，每天早上打開地圖才開始規劃今天要去哪。」他篤信「美食在口邊」，住的好飯店與造訪的好餐廳，都是打聽在地美食的絕佳礦源。憑藉每次品嘗後刻在心中的食物滋味、香記陌生的專有名詞等等，隨著人生持續地「在路上」，張聰也持續地爲味蕾開疆闢土。畢業後他再

度返回亞洲，因製瓷需覓良土之故，他因而常常探訪他人眼中的不毛之地，「中國菜的根其實是在鄉下，很多菜色的正宗版本在那兒才找得到。我很早就去過這些長年走跳中國的人都未必踏足過的鄉野，像是廣西北流市，河北唐山、邯鄲，河南焦作……連蝙蝠火鍋都吃過！」

由衣香鬢影的頂流酬宴到素樸原味的山村野菜，張聰心無貴賤，而是懷抱對探勘新大陸的好奇。然而一被稱為美食家，張聰頻頻推辭，「所謂的『家』要能自成一派，我覺得對我來講是太高的門檻，我頂多只能算喜歡吃、對飲食背後的歷史文化淵源感興趣而已。」提起美食家，他心中首先浮現的人選是大師蔡瀾，不過他仍謙稱本身交友圈子不廣，最熟悉的還是中國菜，回答這個問題有一定的限制。在此前提下，張聰繼續羅列，「像是陳紀臨跟方曉嵐老師，大師姐麥麗敏、大董師傅董振祥等等，他們都是非常厲害的人物，不僅對食材了解通透，在烹飪技術跟理論基礎上也功力深厚，從技術面、理論面到操作面無一不精，扛起『美食家』稱號絕對當之無愧！」

然而眾神競出的時代光輝，打從自媒體崛起、普及後已然不復再現。張聰感嘆道，「現在人人可以自稱是美食家，甚至不須擅長舞文弄墨，能上YouTube開口談幾句評論就夠了！」他認爲當代美食評論尚未有足夠完備的系統制度，既缺乏藝術評論講究的鑑賞與理解等篩選門檻，也不似葡萄酒，有Master of Wine那樣由協會頒發的專業認證。追問張聰，倘若將美食家視作一門專業，依他心中的標準該具備哪幾項能力、如何培植人才？張聰想了想回答，「首先需要頻繁大量地參與過程體驗，接著是達到一定精擅能力，能知曉『好』是爲什麼『好』。最後是a state of appreciation，能夠以多元角度去『欣賞』而非『鑑賞』。欣賞是愉悅的，而鑑賞往往帶有主觀的好壞判斷，除非能提出改善的解決方案，否則對自己或他人都沒有好處。」

他繼續條理分明地一一闡述理想的美食家養成攻略，「足夠的量化經驗當然是基本前提，你嘗過一百個跟一千個漢堡，專業度完全不能比；接下來就需要了解更多專業技術層面，如果連費南雪跟瑪德蓮都分不清，怎麼去評鑑呢？再來是對文化背景的認識，地理環境、氣候風土以及歷史變遷，比如四川老兵的家鄉味是歷史；台灣四面環海，天賜的豐富海鮮，則是地理背景，這些條件關鍵性地決定了食物樣貌。」他舉日本長野爲例，「長野屬山區，向來重食物保存，發酵的技術發展完整，若不明白脈絡由來，你就不明白盤中飧的身世珍貴，縱使店家端出最優質上乘的醬菜魚乾招待，可能你不僅不領情，還覺得自己大受虧待呢。」

不過即便不冠上美食家名銜，張聰無疑是飲食經驗豐富的老饕。好奇地問他吃遍大江南北、見識百味珍饈，會如何在腦海中登錄用餐經驗？他說自己習慣從兩種向度去收集感受：無人的溝通、有人的溝通。前者意指餐廳經由每個建構元素散發出的頻率，從櫥窗、海報到燈光，從裝潢、器具到音樂，甚至連食物也是一種載體。他娓娓描繪某年與弟弟赴威尼斯旅遊，倆人在巷弄間漫無目的閒晃，偶然發現了一座小櫥窗。那幅陳年畫面，記憶猶新如現眼前：精緻優雅的小窗格裡，幾本年代久遠的泛黃古籍堆疊古董蠟燭台、銀製刀叉，上好Château Pétrus隨侍相伴，周遭散落當季松露，訴說大自然饋贈的豐厚禮讚。被吸引靠近的遊客張聰，頓時意識到這間gastronomical restaurant正以安靜而強勁的力道，對頻率相同的食客熱烈表白：「嗨，這裡供應最棒的酒、最好的古書、最美妙的當季食材，一切美好都濃縮在這櫥窗裡！」

而「有人的溝通」則涵括服務的面面俱到，張聰隨口拈來皆是說不盡的細節，「最基本的，侍者的接待禮儀、口條語速是否合宜？如何安排與介紹餐點？更進一步，如果客人咳嗽了，會不會主動貼心地送上開水與檸檬片？水的溫度是滾燙還是溫熱？其實如果很欣賞這間餐廳，我會稍微測試他們的彈性能容許到什麼程度。譬如主菜有三道，我都想嘗嘗，或某瓶酒不供單杯，但我很想試飲，店家能給出什麼樣的變通選項？」再沒有比臨場應變更挑戰、更能突顯餐廳核心價值的考題了，或許應該說，款待精神決定了一家餐廳的靈魂。張聰笑著說，「雖然聽起來要求很高，但若這間餐廳眞的一一做到，豈不十分值得讚賞嗎？」

● 一個廚師最頂峰的狀態，是沒人能取代你的角色，宛如上天賦予、促使你來到這個崗位

近年來實境節目崛起，許多廚師由料理枱後走到幕前，聚光燈不再單單聚焦於盤中美食，也照亮廚師的做菜身姿。然而，除了對餐廳評鑑立下的高標竿，張聰對掌勺者的期待也不惶多讓，「廚師這份專業需要極大量的技術與努力去支撐，心力若太分散，就不一定能走到最高點……比如說假設現在高登·拉姆齊（Gordon Ramsey）與貝爾納·帕科（Bernard Pacaud」連袂站在我們面前，大多數人可能認識Gordon，沒多少人知曉Bernard何許人也。然而我認爲廚師天職，是通過其個人才華技術將料理完美呈現，帶給食客難以忘懷的經驗。相較起來，我更欣賞後者這種堅守廚房、堅守每一道菜的廚師。」

美食榜的影響益發無遠弗屆，彷彿雙面刃令人又愛又恨，既能讓主廚一夜成名、直登神壇，也能煽動消費熱潮、左右產業風向，然而地獄廚神也好，隱士廚神也罷，這些何嘗不是媒體加戴的冠冕？那麼張聰又是如何看待全球飲食評論的兩大山頭呢？「米其林是依城市分類，而世界五十最佳餐廳則以餐廳爲單位，破除了疆界，覆蓋了以往米其林不會抵達之處，比如南美某些偏遠小鎮，讓很多餐廳的努力與才華被看到，我覺得都是好事。評鑑沒有絕對好壞，只有壞讀者——我的意思是：支持與否除了個人選擇之外，還須取決於對這事情的認知水平及價值觀。」

出乎意料，走跳星級餐廳的張聰坦承鮮少參閱美食評論，深知這也是產業一環，他語帶保留地解釋，「料理的先天限制是無法被留存、無法傳遞，味道僅能通過品嘗者的五感訴諸言傳，唯一可記錄下來的就是評價。每個人有自己對味道、對顏色、對光線或溫度的喜好、有對濃烈或清淡氣味的喜好……所以每間餐廳也有他的限制，只能照顧某一類人。如果一定要評鑑，我覺得必須兼顧軟性的歷史文化脈絡，與剛性的客觀技術評估。若光是形容『哇，這好吃到像有火花在口中綻放』，實在太主觀、太不嚴謹了。」

張聰深信食物應是大自然給予的撫慰，「我在意餐廳的食物眞不眞實，我不喜歡技術展示凌駕於食物之上。」他進一步解釋：「那意思是：如果有某樣食材不必要，甚至會破壞整體味道，僅爲了視覺或炫技而添加上去，我認爲就是主次亂掉。我相信也有人偏好華麗吸睛的風格，但於我而言，食材是主角，演繹是次要，本末倒置我就沒興趣了。」他很快又補充，「可是不代表這樣不對哦，有人重視好好吃飯，有人偏好華麗吸睛，本來就都可以各取所好啊。」

• 美食家不應只是對食物具有論述能力的人，他的價值在於透過論述，幫助整體產業與相關人士進步

對於美食家角色檢視，張聰有句恆常盤桓在心的大哉問：「這則美食論述能幫到人嗎？能啓發體驗者，包括廚師、業者或用餐的客人嗎？」他的信念是無論讚美或批評，評鑑意義在於能否帶動正向循環。在百花齊放、繽呈亂目的飲食大觀園中，張聰的視角始終望向更前方的山頭，他以一貫的認眞表情道來，「我想引用陳紀臨先生讓我深受啓發的一句話——如果評價沒有伴隨建設性意見或解決方案，如果不能提出如何解決、怎樣可以更好？那麼這評價一點價值都沒有。」接著又補充，「除了建設性的評價，如果能以更宏觀的視野、從歷史文化角度去觀看，我相信那評價不僅更有價值，同時會更讓人信服。」

在兩種文化澆灌下成長的他不諱言，西方推崇客觀、公開透明的評論權威，東方則重視人情義理，不太能夠接受尖銳批評。張聰感慨地說，其實不只台灣，幾乎大多數亞洲的媒體還未臻至成熟前，就被氾濫的網路資訊扼殺了，更惶論食評環境的培育。雖然本土美食評論發展仍受文化滯礙，但張聰仍期待有一套符合我們身屬文化的評鑑系統，「你不可能追求從fine dining到小吃到家常料理，從義、法、日到南美菜樣樣精通。就像要發表對雲吞麵的意見，你可能永遠比不過從小吃到大的香港人啊。我懷疑西方如何能去評鑑一碗滷肉飯、一盤乾炒牛河？畢竟從器具、技法到觀點、角度，我們都迥然不同。」

入口美食其實是舌尖的文化饗宴，張聰再三強調：若在品嘗享用前能具備先驗知識，會獲得更完整而立體的體驗。而他對歷史文化的重視與敏銳，成就了麗固的創新開展。歷來中餐在餐飲界光譜上，多半被認定主攻食材與烹調技巧，而對整體體驗缺乏想像。然而張聰察覺到一頓美好饗宴不僅仰賴好滋味，更廣泛涵蓋了眼耳鼻舌身心等五官洗禮。如今不只是西餐，很多中式餐宴都選擇以麗固來呈現華麗與細緻，與中菜的斑斕豐富相得益彰。

人生前半段是餐桌前的食客，人生後半段投入頂級餐具，從外場跨足內場。在不同年紀階段，走過不同的風土文化，飲食彷彿一道長河，蜿蜒流過張聰的人生——童年時的歡聚時光、青春期的怦然心動、成人之後的各方追尋，甚至最後張聰的另一半與工作，也與飲食結下千絲萬縷的不解之緣。當美食家在這個人人能成名十五分鐘的世代，淪為廉價標籤，或許回歸最純粹而本質的形容，張聰會更樂意接受——無關名聲毀譽，他只是剛好在紛呈感官世界中，一個熱愛「吃」、好奇種種關於吃的故事，透過飲食種種與眾生溝通交流的人。

番外篇

吃在疫情蔓延時

肺炎疫情中，回到餐廳的本質

原載於《聯合報》2020/4/23
高琹雯專欄

新冠肺炎（COVID-19）疫情肆虐，餐飲業與旅遊業承受前線衝擊。由於欠缺疫苗與特效藥，減緩病毒傳染、壓平傳播曲線的有效手段就是拉開社交距離，搭配戴口罩、勤洗手等防護措施。

拉開社交距離，等同截斷人流，偏偏餐飲是需要人流的生意，餐廳是人們相聚的所在。二月以來，疫情逐步打擊台灣餐廳生意，某些內需強的業者或許還撐得住，仰賴國際旅客或聚餐型餐廳（如桌菜、宴會廳）的來客數則大幅下滑；將視野放大到國外，歐美的嚴峻疫情導致連鎖性的封城鎖國效應，包括義大利、西班牙、美國、英國、法國等多國都下達禁足令，餐廳酒吧被迫關門，有的業者還能經營外賣外送，但也面臨感染風險。

台灣相對還能過上日常生活，我心懷感激（且不能鬆懈）的同時，閱讀國外新聞則如臨末日。就拿美國來說，餐飲業出現大批失業人口，三月時單單美國餐飲大亨丹尼·梅爾（Danny Meyer）旗下的「聯合廣場餐飲集團」（Union Square Hospitality Group）就解僱了二千人。於是你會看到如韓裔美籍名廚張錫鎬非常焦慮的發言：疫情過後，存活下來的餐廳是否只剩下大企業、連鎖店？一直以來的餐廳經營模式將走入歷史？升級的衛生規定將顛覆專業廚房的運作？外賣外送服務將大幅取代餐廳？餐飲業的生態將變得單調無趣？美食評論不再重要？

此時此刻，或許回到餐廳誕生的歷史背景，能夠鑑古而知一點未來。我曾在自己的書《Liz關鍵詞：美食家的自學之路與口袋名單》中，簡述餐廳誕生的緣由，那是十八世紀末的法國，同業公會被廢止，單一種類店家可以販售多種菜色，餐廳於是逐漸形成；法國大革命前，已有貴族的家廚出來開餐廳，社會階級也開始崩解；革命後，新富的中產階級去餐廳消費，「上餐館」成爲一種時尚；巴黎的皇家宮殿周邊形成現代商店街，提供新興的商業場域。

十九世紀的法國，餐廳堂堂成為人們相聚同歡的社交場所。廚師以往都在大戶人家工作，餐廳興起後則在公共領域服務不特定的大眾；也唯有在出門用餐的大眾形成後，如同文學、音樂等等，飲食出現公共領域，才有可受公評的事項，才有美食評論存在的空間。

試想，如果沒有餐廳，人們該去哪裡一起吃飯？你不會只想跟家人聚餐，也不會只想在家裡宴客，娛樂賓客是一種高耗能高成本的活動。你會希望去一個有約定成俗的程序與標準、有合理期待的地方，那就是餐廳。等級高一點的餐廳，甚至可以提供面面俱到的文化體驗，那是外帶、外送難以取代的。

疫情過後，餐飲業很有可能改頭換貌，餐廳的本質卻不可抹滅。美食評論也是一樣，容我後述。

後疫情時代，人們出門吃飯的理由

原載於《聯合報》2020/5/21
高琹雯專欄

我們身處的這個時代，已經可以分爲疫情前、疫情後。新冠肺炎疫情發生前，生活就是日出日落，吃飯睡覺；疫情發生後，就算飯照吃、覺照睡，一切就是不一樣了。戴口罩、勤洗手融入生活習慣，觸摸眼、鼻、口前會心驚，保持社交距離、避開擁擠場所，成爲日常行動準則。

後疫情時代，這些從外部舉止延伸到心理機制的轉變，將影響餐飲業的內涵與面貌。上一篇文我們提到，即便疫情打擊餐飲業，餐廳卻不可能消失，因爲人們就是需要外出社交，這符合人性。然而餐廳的客群組成、服務內涵在疫情後將有所改變。具體來說，在沒有封城的情況下，會出門的人就是會出門（撇除高風險的高齡族群或需養兒育女者），此刻人們選擇餐廳的理由是什麼？會讓他動念的，很可能是他有消費脈絡的地方，他與這個地方已經建立了信賴感、依賴感。可以一去再去的舒適圈。

於是你會發現，疫情時台灣餐廳生意相對得以維持的，以業態而言，有快炒店、串燒店、火鍋店、日本料理店等等。這不是我的創見，而是我與「貓下去敦北俱樂部與男孩沙龍」創辦人陳陸寬一席訪談所獲得的啓發。如果這樣的前提成立，並顧及旅遊禁令在有效疫苗產生前難以全面鬆綁，餐廳業者此刻應該思考的是，如何與本地客人建立更緊密的社群關係，如何培養出願意不斷回頭消費的忠實顧客？即便這是每間餐廳本來就有的目標，在一段相當長的疫情持續期間（目前各界專家預估二年），更顯重要。

這對於經營fine dining的餐廳而言更加迫切。Noma餐廳主廚雷澤比（René Redzepi）四月時就說「一頓在精緻環境中吃四、五小時的飯已經不合時宜」，fine dining餐廳本來就小眾、非日常必需，這類餐廳所服務的一小群人，每個月光顧一次都算多。更有甚者，fine dining餐廳在過去二十年來還養出一群「飛行吃貨」，他們飛到世界各地只為品嘗名單上的「待吃餐廳」，導致這類餐廳大幅仰賴這些外來旅客。美國雜誌《浮華世界》（*Vanity Fair*）近日一篇報導就指出，「世界五十最佳餐廳」上的常勝軍如墨西哥的「Pujol」、西班牙的「Mugaritz」，前者的客人超過五成來自海外，後者更超過七成五。旅遊禁令全球蔓延之際，如此仰賴外國觀光客的經營策略，儼然不可行。

同一篇報導中，由於瑞典未實施封城，米其林二星餐廳「Daniel Berlin」❶始終開門營業，反而養出與以往外國觀光客不同的本地客群，這些人過去老是訂不到位，或根本懶得在開放訂位的那天早起搶訂四個月後的位子。Noma也正在思考餐廳重新營業的那一天，該以何種面貌示人，目前規劃的是戶外酒吧，讓人們輕鬆喝酒吃點心，取代原本落落長的「品嘗套餐」（tasting menu）。

在台灣的我們何其有幸，生活至今仍能照舊。然而，人們爲什麼出門吃飯，後疫情時代的答案可能有所不同。

❶ Daniel Berlin 餐廳仍在二〇二〇年歇業，理由不是因為疫情，而是因為 Daniel 主廚的太太罹患癌症，他希望多花時間陪伴太太與二個小孩。Daniel 主廚的太太於隔年春天去世。他於二〇二三年十月全新開設 fine dining 餐廳「Vyn」。

餐廳做外帶外送的該與不該

原載於《聯合報》2020/6/4
高琹雯專欄

台灣疫情最緊張的三、四月時，我吃了不少外帶餐盒。一方面不想冒險去公共場所，二方面也想支持餐廳，那陣子餐飲生意明顯下滑，許多餐廳原本只有內用也推出外帶外送服務，多少補貼營收。

某些原本不做外帶外送的餐廳都做了。米其林一星「山海樓」把原貌亮麗的拼盤、蒲瓜封縮小，連同鑊氣香盛的招牌炒米粉裝進餐盒裡，就是誠意破表的精緻餐盒；米其林一星「Longtail」重新混搭現有菜單，推出叉燒飯、梅花豬米線、香脆炸雞腿飯等等便當，餐點品質經得起運送考驗，十分美味；老字號台菜「茂園」破天荒加入外送平台，趕緊點他們有名的白斬雞、炒中卷、扁魚白菜滷來嘗嘗，大感滿足。

也有餐廳堅持不做外帶外送。米其林一星「MUME」的創辦主廚林泉就解釋得很清楚，他認爲外帶外送是另一種商業邏輯，用餐廳的配置去做外帶外送，經濟上沒有效率，如果再給外送平台抽走三至四成營收，更賺不了錢。並且，MUME提供的精緻餐飲講究整體體驗，無法被裝進餐盒中，如果台北眞的封城導致餐廳無法內用，他寧願把MUME關起來❶。

外帶外送的該與不該，沒有是非黑白。做外帶外送來維持現金流與供應商關係，有理，不做外帶外送以避免經濟上無效率及沉沒成本，也有理。餐廳應該檢視自身狀況後決定。然而，我想分享一個非常勵志的例子，一個fine dining餐廳成功轉型經營外帶外送的例子。

這間餐廳是芝加哥的米其林三星餐廳「Alinea」。勵志在哪裡？數字會說話。Alinea餐盒從三月十九日開賣，第一週就售出三千五百份，最高紀錄是一天售出三千份復活節餐點；Alinea原本一客售價三百五十五美元，外帶餐盒售價三十五美元起，一個半月後其營收已經回到疫情前的七成五，後來更出現史上最高單日營業額；疫情初期，Alinea讓所有員工放無薪假，五月一日時已經雇回所有人；Alinea在過去三十天服務了芝加哥地區三萬二千名客人，觸及到過往難以觸及的廣大客層。

Alinea展現了無比的韌性與創意，他們勇於迎戰危機，從中再創高峰，一切都在短時間內達成，太令人敬佩了。

分析其成功因素，一是有餐廳訂位系統「Tock」的配合，這是Alinea的二位創辦人Grant Achatz主廚與Nick Kokonas開創的另一事業，便利的功能讓Alinea能迅速轉換爲外帶銷售；二是Grant Achatz聰明且迅速地把精緻餐飲的菜單轉成法國家常菜，威靈頓牛排、紅酒燉雞、油封鴨腿等等，這正是疫情中人們願意天天吃的舒心食物。他們更發揮史無前例的創意：爲了不讓疫情破壞Alinea十五週年的慶祝計畫，他們設計出解謎遊戲與特製套餐，參與線上解謎的客人有機會贏得最大獎——當芝加哥解封後，在Alinea吃一頓大餐。這套六道料理的十五週年套餐，在十天內售出一千二百五十六份，其中包含Alinea最知名的甜點——把餐桌當成畫布，醬汁、糕點當作顏料的「抽象畫」，客人可以在家揮灑自己的版本，趣味盎然。

Alinea的士氣從來沒有像此刻般高昂。主廚Grant Achatz接受網路媒體

《Fine Dining Lovers》訪問時說，「這一刻將成為經典」、「如果我們團結並且擁抱困境，就是一件很棒的事情，如果不這麼做，我們就無能為力。」選擇題的答案很清楚，而Alinea顯然選擇了成功。

❶ MUME後來在二〇二一年六月三級警戒發布後的第三週首次做外帶外送套餐，外送是與 Line Taxi 合作。

疫情後，二大餐飲評鑑何去何從

原載於《聯合報》2020/6/19
高琹雯專欄

二〇二〇年台北台中米其林指南何時會發表？最近遇到餐飲圈的朋友，不時有人會提到這話題。肺炎疫情一月爆發後，原訂四月舉辦的米其林發布記者會被迫延期，延到何時？小道消息稱九月，目前仍未確定。

世界五十最佳餐廳，另一國際重要餐飲評鑑，三月底就宣布今年六月原訂於比利時登場的頒獎典禮將順延至二〇二一年，評鑑結果也不會在今年發表。

全世界餐飲業深受打擊的此刻，米其林與世界五十最佳餐廳，該做些什麼？

台灣疫情控制得當，我們已經與世界「脫節」了，他國封城停工的徬徨，重啓經濟的戒備與焦慮，我們感受不到。只要看一下國外餐飲新聞，許多有關餐廳重新營業的規範緊張兮兮，餐廳不重新營業的決定也不勝唏噓（好比倫敦米其林二星餐廳「The Ledbury」❶）。求生存迫近底線，誰還在乎米其林幾顆星、世界排名第幾？

餐飲評鑑必須能與餐廳共患難。米其林現任總監普勒內克（Gwendal Poullennec）在三月、四月二度發表聲明，表示支持全球餐飲業，米其林將透過各地區團隊協助餐廳回復正常，協助餐廳導流客人，二〇二一年的評選將會視情況調整，在漫長的恢復期間，保持彈性且務實。不過，具體而言米其林將提供何種協助？未來評選將會有何改變？米其林官方仍未進一步說明。

世界五十最佳餐廳則在五月推出了「五十最佳復原方案」（50 Best for Recovery），主要分爲三大部分：復原基金、復原中心、復原高峰會。復原基金將提供實際資金給協助餐飲業的非營利組織，資金來源有合作品牌捐獻（例如聖沛黎洛礦泉水）及其他募款企劃，如六月將推出的線上拍賣會，參與者可以競標上榜餐廳提供的美食體驗，小額捐獻者也能取得主辦單位編輯的家庭烹飪食譜電子書；復原中心則蒐集並提供餐飲業疫情相關資訊，諸如重啓餐廳的措施、主廚面對疫情的訪談；復原高峰會則預計於九月登場，將採線上形式，推出大師課程、講座、案例研究、論壇等內容，探索後疫情時代餐飲業能如何再次繁盛。

米其林與世界五十最佳餐廳，當然都不希望自身的影響力因爲疫情而消退，他們幫助餐廳也等於幫助自己（雖然實際成效有待驗證）。餐廳不可能消失，只要餐廳作爲一個公眾的消費場所持續存在，能夠形成公共意見的餐飲評鑑就有存在的價值。不過，現實上眼前的問題是，評鑑該如何繼續執行？米其林有辦法完全仰賴在地的評鑑員嗎？（不會納悶台灣的在地密探有多少？）如果不行，國際評鑑員該如何旅行？還是得換個作法？若換了作法，米其林星星的意義還一樣嗎？更不用說，世界五十最佳餐廳系列榜單素來仰賴世界各區的評審投票，評審大多是飛行美食家，旅行都不旅行了，評審怎麼投票❷？

看來，餐飲評鑑也正在「逆全球化」呢。

❶ The Ledbury 於二〇二〇年六月決定歇業，後於二〇二二年二月重新營業，並於二〇二三年重新獲得米其林二星。

❷ 世界五十最佳餐廳與旗下分支榜單後來修正了投票規則，疫情中不能旅行的評審可以只投給自己國家的餐廳。

重啟又關閉，餐廳承受得了幾次疫情打擊？

原載於《聯合報》2020/8/1
高琹雯專欄

台灣自從六月七日防疫解封後，島上人民彷彿沒事一樣，上餐館的上餐館，旅遊的旅遊，只是不能出國。這樣的「正常」生活，其他國家不是不能擁有，只是新冠肺炎疫情的壓力如影隨形，只要社區不乾淨，隱形的傳染鏈一連結，馬上爆發第二波、第三波疫情，鄰近的香港、日本如是，疫情始終沒有獲得控制的美國亦如是。

對於餐飲業者來說，疫情的反覆與政策的更迭，將大幅影響營業狀況。餐廳一下關，一下開，一下只能外帶，一下不能賣酒，餐廳老闆還沒被病毒打倒，先被不得不的危機處理搞到失能。原本放無薪假或被解僱的員工，被請回來了，又要開除一次嗎？原本銷毀的庫存，再進貨了，該怎麼賣掉？餐廳的工作環境安不安全？客人不戴口罩怎麼辦？

疫情剛起時，有論者預測未來的生活將採行「滾動式防疫」，疫情嚴重時收緊措施，疫情和緩時放鬆管制，嘴巴講得輕鬆，如今實際面臨疫情再起時，那勞師動眾與無所適從，我不敢想像。

好比香港，自七月初至今已新增超過一千例確診，港府逐步加強管制，先於七月十三日宣布「限聚令」，餐廳內用人數不得超過五成、每張桌子不能超過四人、晚間六點至翌日凌晨五點不得提供內用，讓以爲回歸正常的港人臉垮頭垂；結果，上開措施實行近二週後，本週一（七月二十七日）港府又宣布，全日禁止餐廳內用，自七月二十九日凌晨起生效。毫無預警地，所有餐廳大難臨頭：我該怎麼做生意？外帶合乎成本嗎？不做外帶只能關門嗎？房租要不要付下去？嚴格的限聚令會持續多久，沒人說得準，如果進一步抬出「禁足令」，對經濟傷害更大。有多少餐廳撐得下去？疫苗產生並普及前，餐廳能承受幾次這樣的來回碾壓？

至於美國，太快重啓經濟是導致疫情屢創新高的主因，從三百萬例到突破四百萬例只花了十五天。我們在台灣看新聞，大多訝異於美國人的若無其事，雖然各州規定不一，但只要有開放餐廳內用或室外用餐的地方，一定有人，就算擔心安危而不想開門做生意的店家，面對競爭也不得不營業。

於是，最近閱讀美國美食媒體《Eater》的文章，會發現爲數不少的「勸世文」，其當家食評萊恩・薩頓（Ryan Sutton）公開呼籲「現在不要去餐廳吃飯」，「請爲自己的健康與他人的健康著想」；亞特蘭大的餐廳受不了客人不戴口罩，現場販售口罩給客人，一個二美元；另有一篇文章分析餐廳員工誰的感染風險最高，並且呼籲餐廳提供服務時盡量減少人與人接觸。於是，撇除「餐飲業該何去何從」這類大哉問，美國許多餐廳只是在與最基本的公民素養搏鬥，崇尚個人自由的美國，就是無法把口罩戴好戴滿，就是不願意共同在家避疫。疫情拖越久，對餐飲業越不利，美國另一波餐廳倒閉潮可能正在路上。

私廚和餐廳的相反邏輯

原載於《聯合報》
2020/12/28
高琹雯專欄

餐廳好難訂，這恐怕是近來吃貨的普遍心聲。熱門的fine dining餐廳，訂位客滿動不動就是三個月起跳，就算每個月開放訂位，也是秒殺。一則以喜，台灣至今防疫有成，生活如常，而因爲旅遊凍結，大家更願意在國內花錢消費，從海外返台的民眾也推升需求；一則以煩，出門吃飯有必要如此大費周章、搶破頭嗎？那就隨緣吧，旁觀一窩蜂追捧的現象，卻也心累。

在此餐飲消費熱潮中，私廚、熟客制餐廳又浮出檯面。這類講求門路的餐廳，過去不是沒有，只是在疫情中，有謂私廚環境單純、客人身份可控，感染風險似乎較低，於是在上半年疫情較緊張時私廚生意相對不受影響；而當台灣於六月解封後，餐飲生意回溫，不能出國的饕客在台灣尋吃，檯面上的餐廳都吃過了，私廚轉而成爲一種熱門目的地，吃貨同溫層一傳十十傳百，窄門變得更窄。

可以從我的同溫層觀察到今年有幾間私廚崛起。就算不是私廚、有開放一般訂位，也因爲熟客訂位踴躍，而逐漸偏向熟客制餐廳。一波訂位大戰中，消費糾紛難免肇生，口水噴完後，也可以看到支持熟客制的論點，有謂熟客制餐廳挑客人有理，客人的價值觀、品味百百種，「不需要服務走錯店的客人」；也有謂熟客制餐廳有能力挑客人，是一種本事，其他開放餐廳所在多有，消費者不必執著於擠進窄門。

都言之成理。我明白私廚、熟客制餐廳的初衷，有的因人力有限，有的因堅持品質，只想服務自己服務得來、喜歡服務的客人，商業模式本屬其自由。但我想暫時跳脫客人挑餐廳、餐廳挑客人的思維，從另一個的角度看待此事。

我想提醒大家：私廚與餐廳的邏輯是相反的。唯有餐廳誕生之後，才有飲食的公共意見存在的空間，也才有美食評論，也才有我們如今熟知的餐飲行業。

也就是說，在餐廳誕生之前，所有廚師都是在做私廚嘛！有錢聘用廚師的雇主是誰？當然就是皇宮豪邸裡的王公貴族。本書他篇文章就曾回溯餐廳在法國誕生的過程，在法國大革命前萌芽、革命後蓬勃生長，餐廳成爲廚師的全新舞台，廚師不必再只討好貴族雇主，而能競逐一大批不特定的用餐大眾；餐廳也成爲一種自主性的公共空間，公眾輿論得以發展，對於吃的品評、論述、鑑別，也才有存在的意義。因爲競爭，餐廳也必須推陳出新，西方廚藝以法國爲首大幅演進，也是從餐廳誕生後的十八世紀末、十九世紀初開始加速。

餐廳、用餐大眾、美食評論是綁在一起的；私廚某程度上排除了多數公眾評論的可能，也就外於此邏輯。於是，東京二間熟客制壽司餐廳：數寄屋橋次郎、齋藤壽司，被排除在二〇二〇年東京米其林指南之外，也就合情合理。

歷史會重複自己的軌跡，我們現在推崇私廚，是因爲我們太習慣一般餐廳，太習慣美食的公共評論，而忘記來時路。就餐飲行業整體的發展而言，鼓勵私廚、熟客制餐廳是不是一件好事？如果有年輕廚師初出茅廬就要開私廚，我會勸他不要，畢竟，如果要成爲不出世的武林高手，是否要先出來打個幾架呢。

參考文獻

- 《千面美食家：一個美食評論家的喬裝祕密生活》（*Garlic and Sapphires : The secret life of a critic in disguise*），露絲・賴舒爾（Ruth Reichl），黃芳田譯，天下文化，二〇〇六年八月。
- 《作家生存攻略：作家新手村1技術篇》，朱宥勳，大塊文化，二〇二〇年八月。
- 《文壇生態導覽：作家新手村2心法篇》，朱宥勳，大塊文化，二〇二〇年八月。
- 《法國美食精髓：藍帶美食與米其林榮耀的源流》，尚-皮耶・普蘭（Jean-Pierre Poulain）、艾德蒙・納寧克（Edmond Neirinck），林惠敏、林思妤譯，如果出版社，二〇一三年一月。
- 《食藝：法國飲食文化的風貌與流變》，蔡倩玟，衛城出版，二〇一五年六月。
- 《蘭齋舊事與南海十三郎》，江獻珠，萬里機構・萬里書店，一九九八年四月。

- 《食經》，陳夢因（特級校對），商務印書館（香港）有限公司，二〇一九年七月。
- 《傳統粵菜精華錄》，陳夢因、江獻珠，萬里機構．飲食天地出版社，二〇〇一年二月。
- 《珠璣情緣——舌尖上的貴族江獻珠與幸運的書獃子》，陳天機，天地圖書，二〇一九年十月。
- 《慢食新世界》（*Buono, pulito e giusto*），卡羅．佩屈尼（Carlo Petrini），林欣怡、陳裕鳳譯，商周出版，二〇〇九年五月。
- 《「食話食說」——台灣美食家的探索性研究（一九九五-二〇〇八）》，馮忠恬，國立臺灣大學社會科學院社會學系碩士論文，二〇〇九年七月。
- 《飲食評論工作者的形塑之路——從傳統到數位媒體的轉向》，劉怡安，國立政治大學傳播學院碩士在職專班碩士論文，二〇二二年六月。
- 《飲食的哲學——餐桌上的感官認知體驗》（*Taste : A philosophy of food*），莎拉．E．沃斯（Sarah E. Worth），洪禎璐譯，本事出版，二〇二三年二月。
- 《布赫迪厄社會學的第一課》（*Premieres lecons sur La sociologie de Pierre Bourdieu*），朋尼維茲（Patrice Bonnewitz），孫智綺譯，麥田出版，二〇〇二年三月。
- 《饕客：美食地景中的民主與區辨》（*Foodies: Democracy and Distinction in the Gourmet Foodscape*），喬西．強斯頓（Josée Johnston）、塞恩．包曼（Shyon Baumann），曾亞雯、王志弘譯，群學出版有限公司，二〇一八年一月。

- 《Liz 關鍵詞：美食家的自學之路與口袋名單》，高琹雯，二魚文化，二〇一九年四月。
- 《吃的藝術：42個飲食行為的思考偏誤》（*Die Kunst des klugen Essens: 42 verblüffende Ernährungswahrheiten*），梅蘭妮・穆爾（Melanie Mühl）、狄安娜・馮寇普（Diana von Kopp），林琬玉譯，商周出版，二〇一七年九月。
- 《美味的饗宴：法國美食家談吃》（*Physiologie du Goût*），薩瓦蘭（Jean Anthelme Brillat-Savarin），李妍譯，時報文化，二〇一五年八月。
- 〈粵菜人物系列：江太史〉，謝嫣薇，米其林指南官網，二〇一八年十月十三日，取自：https://guide.michelin.com/mo/zh_HK/article/people/Cantonese-cuisine-figures-gong-taai-si
- 〈粵菜人物系列：陳夢因〉謝嫣薇，米其林指南官網，二〇一八年九月九日，取自：https://guide.michelin.com/mo/zh_HK/article/people/Cantonese-cuisine-figures-Chan-Mong-Yan

- *All Manners of Food: Eating and Taste in England and France from the Middle Ages to the Present*, Stephen Mennel, University of Illinois Press, 1995.
- *Accounting for Taste: The Triumph of French Cuisine, Priscilla Parkhurst Ferguson*, University of Chicago Press, 2004.
- *First Foodie*, Corby Kummer, The New York Times, June 8, 2012, https://www.nytimes.com/2012/06/10/books/review/the-man-who-changed-the-way-we-eat-by-thomas-mcnamee.

html

- *Craig Claiborne: a Force in the Food Revolution*, Jacques Pépin, The New York Times, May 8, 2012, https://www.nytimes.com/2012/05/09/dining/craig-claiborne-a-force-in-the-food-revolution.html
- *Craig Claiborne, 79, Times Food Editor And Critic, Is Dead*, Bryan Miller, The New York Times, Jan 24, 2000, https://www.nytimes.com/2000/01/24/nyregion/craig-claiborne-79-times-food-editor-and-critic-is-dead.html
- *When He Dined, The Stars Came Out*, Pete Wells, The New York Times, May 8, 2012, https://www.nytimes.com/2012/05/09/dining/craig-claiborne-set-the-standard-for-restaurant-reviews.html
- *Legendary Food Critic Mimi Sheraton Hasn't Been Hungry in 60 Years*, Dan Pashman, Huffpost, December 6, 2017, https://www.huffpost.com/entry/legendary-food-critic-mimi-sheraton-hasnt-been-hungry-in-60-years_b_7309012
- *Mimi Sheraton Talks: Inspirational Tips For Writers, Airline Food & Women in Food Media*, Luciano Hidalgo, August 20, 2018, https://medium.com/@LucianoHidalgo/mimi-sheraton-talks-inspirational-tips-for-writers-airline-food-women-in-food-media-638301b127c3
- *How to Complain at a Restaurant? Just Ask Our Critic*, Pete Wells, The New York Times,

February 5, 2019, https://www.nytimes.com/2019/02/05/dining/how-to-complain-restaurant.html

- A Timeline of All New York Times Restaurant Critics, Amanda Kludt, Eater, Sep 16, 2011, https://ny.eater.com/2011/9/16/6650353/a-timeline-of-all-new-york-times-restaurant-critics
- Mimi Sheraton on Restaurant Critics and Why They Should Remain Anonymous, Daniela Galarza, Eater, Jan 22, 2018, https://www.eater.com/2018/1/22/16918970/mimi-sheraton-restaurant-critics-ask-mimi-podcast
- AT LUNCH WITH/MIMI SHERATON; Undisguised Pleasures Of a Former Critic, Alex Witchel, The New York Times, May 12, 2004, https://www.nytimes.com/2004/05/12/dining/at-lunch-with-mimi-sheraton-undisguised-pleasures-of-a-former-critic.html
- A Conversation With New York Times Food Critic Pete Wells, ISAAC CHOTINER, Slate,January 21, 2016, https://slate.com/culture/2016/01/a-conversation-with-new-york-times-food-critic-pete-wells.html
- 'Times' Restaurant Critic Dishes On Guy Fieri And The Art Of Reviewing, NPR, January 21, 2016, https://www.npr.org/sections/thesalt/2016/01/21/463825817/times-restaurant-critic-dishes-on-guy-fieri-and-reviews-that-stir-the-pot
- This Review That Brutally Slammed A Michelin-Starred Restaurant Has Gone Viral, Joanna

Fantozzi, Daily Meal, April 10, 2017, https://www.thedailymeal.com/news/travel/review-brutally-slammed-michelin-starred-restaurant-has-gone-viral/041017/

- Can Thomas Keller Turn Around Per Se?, GABE ULLA, Town & Country, September 8, 2016, https://www.townandcountrymag.com/leisure/arts-and-culture/a7685/thomas-keller-per-se-new-york-times-review/
- Pete Wells Has His Knives Out, Ian Parker, The New Yorker, September 5, 2016, https://www.newyorker.com/magazine/2016/09/12/pete-wells-the-new-york-times-restaurant-critic
- Restaurant Critic Pete Wells on How He Does His Job, Pete Wells, SUSAN LEHMAN, The New Yokr Times, February 16, 2015, https://archive.nytimes.com/www.nytimes.com/times-insider/2015/02/16/restaurant-critic-pete-wells-on-how-he-does-his-job/
- New York Magazine's Restaurant Critic Reveals His Face, And It's About Time, Megan Willett-Wei, Business Insider, Dec 31, 2013, https://www.businessinsider.com/critic-adam-platt-reveals-his-identity-2013-12
- Jonathan Gold drops anonymous restaurant critic mask, Jonathan Gold, January 23, 2015, https://www.latimes.com/food/jonathan-gold/la-fo-food-critic-outing-20150124-story.html
- Hi, I'm Adam Platt, Your Restaurant Critic, Adam Platt, New York, December 28, 2013, https://nymag.com/restaurants/wheretoeat/2014/adam-platt-revealed/

- How a Food Critic Plots His Pans, Pete Wells, The New York Times, October 31, 2019, https://www.nytimes.com/2019/10/31/reader-center/peter-luger-negative-review.html?fbclid=IwAR0EJfeyCDFI82pSrX0VJDHi9Jfw-US3ByPnl_BBdfwxT2pUaXFKQ7xyA3k
- Readers Respond to the Pete Wells Review of Peter Luger: ‘Finally’, Aidan Gardiner, The New York Times, October 29, 2019, https://www.nytimes.com/2019/10/29/reader-center/peter-luger-zero-stars-reaction.html
- Peter Luger Used to Sizzle. Now It Sputters., Pete Wells, The New York Times, October 29, 2019, https://www.nytimes.com/2019/10/29/dining/peter-luger-review-pete-wells.html?module=inline
- Pete Wells Answers Your Questions, The New York Times, https://archive.nytimes.com/www.nytimes.com/interactive/2013/09/03/dining/q-and-a-with-the-critic.html
- Is the end nigh for food criticism?, Soleil Ho, San Francisco Chronicle, July 8, 2019, https://www.sfchronicle.com/restaurants/article/Is-the-end-nigh-for-food-criticism-14078064.php?psid=g2TkJ
- Have we reached a fork in the road for food criticism?, Tim Carman, The Washington Post, August 16, 2018, https://www.washingtonpost.com/lifestyle/food/is-the-era-of-the-white-male-food-critic-coming-to-an-end/2018/08/15/d2cc5d6a-99c9-11e8-843b-36e177f3081c_

story.html

- Soleil Ho Is Revolutionizing Food Criticism, With No Taste for Outdated Conventions, Mattie Kahn, Glamour, October 15, 2019, https://www.glamour.com/story/soleil-ho-food-criticism-interview
- Soleil Ho is a young, queer woman of color who wants to redefine food criticism, Maura Judkis, The Washington Post, March 8, 2019, https://www.washingtonpost.com/lifestyle/food/soleil-ho-is-a-young-queer-woman-of-color-who-wants-to-redefine-food-criticism/2019/03/07/d76eb89e-3eca-11e9-a0d3-1210e58a94cf_story.html

高琹雯 Liz Kao

擁有法律人的完整履歷，卻不想當法律人的貪吃鬼。台大法律系畢，曾至哈佛法學院攻讀法律碩士，一度以爲自己會在國際大型律師事務所終老，卻發現自己的專長在於「吃」——尋吃、品吃、寫吃。熱衷於一切與飲食相關的事物。《Taster 美食加》網路媒體創辦人，《美食家的自學之路》部落格格主，著有書籍《我的日式食物櫃》、《Liz 關鍵詞：美食家的自學之路與口袋名單》，經營 YouTube 頻道《Liz 的美食家自學之路》與 Podcast《美食關鍵詞》，以及電商平台「美食加選物」。